LIBRO DE COCINA VEGANO

173+ Recetas Saludables y Deliciosas para Veganos. Comience Ahora su Dieta de Cambio con Comidas Regulares y Simples con Ingredientes Excepcionales

__Clara H. Ramos__

TABLA DE CONTENIDO

INTRODUCCIÓN   10

RECETAS DE DESAYUNO   11

1.   LINAZA Y GACHAS DE ARÁNDANOS   11
2.   AGUACATE Y TAZÓN DE FRESA   11
3.   BARRAS DE COCO Y FRESA   11
4.   TAZÓN DE DESAYUNO DE AGUACATE   12
5.   GRANOLA   12
6.   PANQUEQUES DE LINAZA   12
7.   CEREALES PARA EL DESAYUNO   13
8.   BERENJENA HASH BROWNS   13
9.   CUENCO DE BATIDO DE MELÓN CANTALOUPE 14
10. AVENA AFRUTADO   14
11. BATIDO DE MANGO VERDE   14
12. ENSALADA DE FRUTAS   15
13. GACHAS DE LINAZA   15
14. HASH BROWNS PICANTES   15
15. KIWI AGUANIEVE   16
16. BATIDO DE SEMILLAS DE CHÍA   16
17. BATIDO DE MANGO   16
18. QUINUA Y TAZÓN DE CHOCOLATE   17
19. HACHÍS VEGETAL   17
20. GACHAS DE NOGAL   17
21. PAPAS FRITAS   18
22. CUÑAS CRUJIENTES DE CALABACÍN   18
23. PATATAS FRITAS   19
24. PATATAS AL HORNO CON BRÓCOLI Y QUESO 19
25. COL RIZADA CRUJIENTE   20
26. SETAS DE AJO   20
27. PATATAS DE ROMERO   20
28. ZANAHORIAS PICANTES ASADAS   21
29. PAPAS FRITAS DE ALCACHOFA AL HORNO 21
30. TIRAS DE TOFU AL HORNO   22
31. PAPAS FRITAS DE AGUACATE   22
32. VERDURAS CRUJIENTES   23

33. APERITIVOS DE CEBOLLA   23
34. COLES DE BRUSELAS CRUJIENTES   23
35. TOTS DE BATATA   24
36. TOFU DE LIMÓN   24
37. COLIFLOR DE BÚFALO   25
38. TACOS DE GARBANZOS   25
39. COLIFLOR DULCE Y PICANTE   25
40. TOFU ITALIANO   26

RECETAS DE ALMUERZO   27

41. MIJO PILAF   27
42. TAZONES DE ARROZ DE QUINUA Y COLIFLOR ESPECIADOS   27
43. FRIJOLES NEGROS Y ARROZ   28
44. CURRY DE GARBANZOS   29
45. SOPA DE GUISANTES DIVIDIDOS   30
46. ARROZ ESPAÑOL   30
47. ARROZ INTEGRAL ESPECIADO   31
48. SALSA ARROZ INTEGRAL Y FRIJOLES   32
49. TACOS DE LENTEJAS DE NUEZ   32
50. FRIJOLES NEGROS CÍTRICOS   33
51. TOFU CURRY   34
52. CHILE DE NUEZ DE CALABAZA   34
53. CURRY DE LENTEJAS   35
54. PASTA PUTTANESCA   36
55. ALBÓNDIGAS DE BARBACOA   36
56. LENTEJAS DESCUIDADAS JOES   37
57. CURRY DE COCO VERDE   38
58. POPURRÍ DE ZANAHORIA DE PATATA   38
59. JACKFRUIT CURRY   39
60. CURRY DE PATATA   40
61. GALLETAS DE MIEL ESCAMOSA   41
62. CHIPS DE MANZANA AL CURRY   42
63. CHEDDAR Y BRÓCOLI—BONIATOS RELLENOS 42
64. SETAS CARAMELIZADAS SOBRE POLENTA   43
65. AJO Y ESPAGUETI PARMESANO CALABAZA 44

66.	ENSALADA DE PATATA DE LENTEJAS	44
67.	ENSALADA DE CEREALES CALIENTES CON MANTEQUILLA DE MISO	45
68.	TOSTADAS DE AGUACATE CON HUMMUS	45
69.	MEZCLA DE BUDA	46
70.	PASTA DE MAÍZ CON MANTEQUILLA MARRÓN	46
71.	SIMPLE MERIENDA DE PAN DE AJO	47
72.	PATATAS FRITAS	47
73.	PIMIENTOS Y HUMMUS	47
74.	CRUJIENTE EDAMAME ASADO	48
75.	SEMILLAS DE CALABAZA TOSTADAS	48
76.	SÁNDWICH DE QUESO A LA PARRILLA	49
77.	SÁNDWICH DE QUESO NO LÁCTEO	49
78.	LINGUINE CON SETAS	49
79.	HUEVOS HORNEADOS CON HIERBAS	50
80.	PANQUEQUES DE HARINA DE GARBANZO VERDE	50
81.	ESTUDIANTE TORTILLA DE TOMATE	50
82.	RISOTTO DE PUERRO DE QUESO CREMA	51
83.	BRÓCOLI PESTO FUSILLI	51
84.	FIDEOS CON ZANAHORIA Y SÉSAMO	52
85.	TOFU MARINADO CON CACAHUETES	52
86.	SUSHI CON MANTEQUILLA DE MANÍ Y JALEA	53
87.	MUFFINS DE COCO	53

RECETAS DE CENA   54

88.	ÑOQUIS DE CALABAZA DE MANTEQUILLA	54
89.	NO COCINA QUESADILLA	54
90.	SÁNDWICH DE BARBACOA	55
91.	HARINA DE SARTÉN DE GARBANZOS DE COLIFLOR	55
92.	QUESADILLA MEDITERRÁNEA	56
93.	NACHOS DE COLIFLOR	56
94.	SIMPLE PASTA	57
95.	TOFU DULCE Y SALADO	57
96.	UNA OLLA DE CALABAZA CURRY	58

97.	BARCOS DE CALABACÍN RELLENOS DE MIJO	58
98.	CARNE (MENOS) PAN	59
99.	TAZÓN DE PROTEÍNA TROPICAL	59
100.	MOLINETE ARCO IRIS	60
101.	CALABAZA DE ESPAGUETI CON SALSA DE TOMATE SUNDRIED	60
102.	SALTEADO SIMPLE	61
103.	HAMBURGUESAS DE LENTEJAS DE QUINUA	61
104.	FIDEOS DE CALABACÍN SALVIA	62
105.	CALABAZA DE MANTEQUILLA DOS VECES AL HORNO	62
106.	PATATAS ASADAS ULTRA CRUJIENTES	63
107.	COLIFLOR SIN GLUTEN FRITO "ARROZ"	63
108.	RISOTTO DE COLIFLOR DE CHAMPIÑÓN	64
109.	HAMBURGUESA HALLOUMI	64
110.	CREMOSO REPOLLO VERDE	64
111.	BRÓCOLI CURSI Y COLIFLOR	65
112.	JUDÍAS VERDES CON CEBOLLAS TOSTADAS	65
113.	PAPAS FRITAS DE BERENJENA	66
114.	AJO FOCACCIA	66
115.	SETAS PORTOBELLO	67
116.	COL VERDE FRITA CON MANTEQUILLA	67
117.	TOFU ASIÁTICO DEL AJO	68
118.	SETAS RELLENAS	68
119.	PUERROS CREMOSOS	68
120.	CROUTONS PARMESANOS	69
121.	QUESADILLAS	69
122.	COLIFLOR CURSI	70
123.	BROTES DE BAMBÚ ASADOS DE PARMESANO	70
124.	COLE DE BRUSELAS CON LIMÓN	71
125.	HASH BROWNS DE COLIFLOR	71
126.	PARMESANO DE COLIFLOR	72
127.	PURÉ DE COLIFLOR	72

RECETAS DE SNACKS   73

128.	CHIPS DE COL RIZADA AL HORNO	73

129.	HUMMUS DE AGUACATE	73
130.	SALSA DE FRIJOLES BLANCOS CON ACEITUNAS 74	
131.	DIP DE BERENJENA ASADA	74
132.	DÁTILES RELLENOS CON CREMA DE ANACARDO Y ALMENDRAS ASADAS	75
133.	ROLLITOS DE PRIMAVERA DE VERDURAS CRUJIENTES	75
134.	TOCINO DE COCO	76
135.	PORTOBELLO TOCINO	76
136.	ZANAHORIAS Y GARBANZOS ASADOS	77
137.	ALAS DE BÚFALO DE COLIFLOR	78
138.	TOFU CRUJIENTE DE COCO CRUJIENTE	78
139.	LATKES DE BATATA	79
140.	CALABAZA DE ESPAGUETI AL ESTILO ITALIANO 79	
141.	COLES DE BRUSELAS ASADAS CON SALSA DE ARCE CALIENTE	80
142.	AVENA AL HORNO Y FRUTA	81
143.	CÁÑAMO Y GRANOLA DE AVENA	81
144.	FARO CÁLIDO CON CEREZAS DULCES SECAS Y PISTACHOS	82
145.	ENSALADA DE PIÑA, PEPINO Y MENTA	82
146.	BRILLANTE, HERMOSA GARRA	82
147.	MANZANAS HORNEADAS CON FRUTOS SECOS 83	
148.	BARRAS DE CEREALES SIN CARBOHIDRATOS	83
149.	BOMBAS DE CHOCOLATE NUTTY	84
150.	BARRAS DE CHOCOLATE DE AVELLANA SIN HORNEAR	85
151.	BOLAS DE CHOCOLATE DE COCO	85
152.	TARTA DE QUESO DE FRAMBUESA FUDGE	86
153.	TAZAS DE CHOCO DE LIMÓN DE ARÁNDANO 86	
154.	CREMOSO COCO VAINILLA TAZAS	87
155.	BARRAS ELÉCTRICAS DE MANTEQUILLA DE MANÍ	88
156.	TAZAS DE MENTA DE CHOCOLATE NEGRO	88
157.	GELATO DE PISTACHO BAJO EN CARBOHIDRATOS	89
158.	ANACARDOS TOSTADOS CON ESCAMAS DE NUECES	90
159.	CHOCOLATE &YOGUR HELADO	90
160.	CHOCO CHIP HELADO CON MENTA	91
161.	BOCADILLOS DE QUESO CRUJIENTE	92
162.	CRÈME BRULE	93
163.	PUDÍN DE CHOCOLATE DE AGUACATE	93
164.	ACEITUNA NEGRA Y QUESO DE TOMILLO PARA UNTAR	94
165.	MUFFINS HUEVO-RÁPIDO	94
166.	PUDÍN DE CHÍA CON ARÁNDANOS	95
167.	ENSALADA DE HUEVOS Y ESPINACAS	95

RECETAS DE POSTRES 97

168.	HELADO DE COCO DE FRESA	97
169.	CHOCOLATY MORDEDURAS DE AVENA	97
170.	MOUSSE DE MANTEQUILLA DE MANÍ	97
171.	FUDGE DE COCO-ALMENDRA SALADO	98
172.	MANTEQUILLA DE MANÍ FUDGE	98
173.	BARRAS DE COCO CON CHIPS DE CHOCOLATE 99	

CONCLUSIÓN 101

El veganismo es la tendencia de no comer ningún producto de origen animal, incluyendo carne, lácteos y huevos. Este estilo de vida ha crecido en popularidad en los últimos años porque no solo es bueno para su salud, sino que también es una forma mucho más amable de tratar la tierra. No comer animales y sus subproductos tiene muchos beneficios para su salud y la Tierra. Dicho esto, sin embargo, hay muchas cosas que debes saber antes de decidirte a ser vegano.

Una dieta vegana típica se compone principalmente de verduras, frutas, granos, legumbres, nueces y semillas. Los veganos generalmente no consumen carne o productos de origen animal como huevos, lácteos o miel. Este tipo de dieta es beneficiosa para varios problemas de salud, incluyendo enfermedades del corazón y niveles altos de colesterol. Con su creciente popularidad en los últimos años, muchas recetas también han salido en los últimos años para satisfacer la demanda de un libro de cocina vegano. Las recetas veganas han aumentado en popularidad por varias razones. En primer lugar, muchas personas se están volviendo más conscientes de la salud y están eligiendo comer una dieta vegana como una forma de reducir su riesgo de enfermedades cardíacas y cáncer. En segundo lugar, parece haber un creciente interés en los beneficios ambientales de la cocina vegana. Los veganos tienen menos impacto en el medio ambiente, ya que no utilizan productos de origen animal como la carne o los productos lácteos, que requieren el uso de grandes cantidades de tierra, agua y energía para producir.

Algunas personas se vuelven veganas por razones sociopolíticas, otras para mejorar la salud, o no quieren causar daño a los animales. Independientemente de sus motivaciones, los veganos están orgullosos de su estilo de vida saludable y no dudarán en compartirlo con los demás.

La razón principal por la que querrías convertirte en vegano es para mejorar tu salud. Si bien comer carne regularmente es malo para su cuerpo, no es lo único de lo que debe preocuparse porque hay varias otras cosas en las que debe estar pensando. La leche y el queso, por ejemplo, se han encontrado en la mayoría de los supermercados que tienen leche en ellos. Esto se debe a que hemos hecho todo lo posible para encontrar la alternativa, y no es muy diferente de lo original. Lo mismo ocurre con la leche, los huevos y otros múltiples productos. Convertirse en vegano tiene varios beneficios para la salud. El veganismo elimina el riesgo de enfermedades cardíacas, cáncer y otras enfermedades que se han relacionado con el consumo de productos de origen animal.

La enfermedad cardíaca es una afección que puede ser causada o exacerbada por el consumo de productos de origen animal y alimentos procesados porque son altos en grasas saturadas. Una dieta vegana consiste principalmente en frutas, verduras, granos, legumbres y nueces. Estos alimentos de origen vegetal son bajos en grasas saturadas y colesterol, lo que está relacionado con un mayor riesgo de enfermedades cardíacas.

Los veganos también son más propensos a tener niveles más bajos de colesterol que las personas con una dieta a base de carne. Los estudios han demostrado que hasta el 79% de los veganos tienen niveles de colesterol más bajos que los que comen carne. Además, alrededor del 70% de las personas en el estudio que habían bebiendo carne habían encontrado que sus niveles de colesterol se encontraban en el extremo superior de la escala. Estos números demuestran que volverse vegano puede ayudarlo a reducir su riesgo de enfermedad cardíaca y enfermedad en general y es una buena idea para la salud a largo plazo. Este es solo un ejemplo de los muchos beneficios prometidos por la dieta vegana.

RECETAS DE DESAYUNO

1. Linaza y gachas de arándanos

Tiempo de preparación: 19 minutos

Tiempo de cocción: 6 minutos

Porción: 2

ingredientes:

- 1/4 taza de harina de coco
- 1/4 Taza de Linaza, Tierra

guarnecer:

- 1 onzas de coco, afeitado
- 2 Cucharadas de semillas de calabaza
- 2 Onzas Arándanos

Indicaciones:

1. Caliente su leche de almendras de 1 taza en una cacerola a fuego lento, silbando en su harina de coco, sal, 1 cucharadita de canela y linaza
2. Una vez que burbujee, agregue su 1 cucharadita de vainilla y 10 gotas de stevia
3. Retirar del fuego, desembarcar como se desee.

nutrición

Calorías: 405

Proteína: 10g

Grasa: 34g

2. Aguacate y Tazón de fresa

Tiempo de preparación: 18 minutos

Tiempo de cocción: 0 minutos

Porción: 1

ingredientes:

- 1 taza de fresas
- 1 Taza de Aguacate, Pelado y Picado
- 1 cucharadita de lima
- Stevia al gusto
- Pellizcar sal marina

Indicaciones:

1. Mezclar todos los ingredientes hasta que estén suaves.

nutrición:

Calorías: 140

Proteína: 2g

Grasa: 10g

3. Barras de coco y fresa

Tiempo de preparación: 21 minutos

Tiempo de cocción: 4 minutos

Porción: 2

ingredientes:

- 1 cucharada de aceite de coco
- 1 taza de fresas, picado
- 16 onzas de mantequilla de coco, derretida
- 1 cucharadita de stevia
- 1/4 taza de copos de coco, sin azúcar

Indicaciones:

1. Mezcle su stevia, aceite y mantequilla juntos, transfiriéndolos a un plato de hornear preparado.

2. Agregue sus fresas y coco, y luego refrigere durante cuatro horas. Picar en los bares.

nutrición:

Calorías: 294

Proteína: 3g

Grasa: 28g

4. Tazón de desayuno de aguacate

Tiempo de preparación: 6 minutos

Tiempo de cocción: 0 minutos

Porción: 1

ingredientes:

- 2 Cucharadas Tahini
- 1 Zanahoria, Triturada
- 1 Aguacate, reducido a la mitad y hoyo eliminado

salsa:

- 1 cucharada de semillas de amapola
- 1/4 taza de jugo de limón

Indicaciones:

1. Mezcle todos los ingredientes de su salsa juntos, y luego mezcle todos los demás ingredientes juntos.
2. Rocíe su salsa sobre su tazón antes de servir.

nutrición

Calorías: 562

Proteína: 8g

Grasa: 52g

5. Granola

Tiempo de preparación: 60 minutos

Tiempo de cocción: 30 minutos

Sirviendo: 7

ingredientes:

- 1/2 taza de jarabe de arce, puro
- 1/4 taza de aceite de coco
- 3/4 Taza de Coco, Sin Azúcar &Triturado
- 1 Taza de Almendras, Astillado
- 5 Tazas de Avena Enrollada

Indicaciones:

1. Comience calentando su horno a 250, y luego mezcle todos sus ingredientes juntos en un tazón.
2. Extienda su granola sobre dos hojas de hornear, asegurándose de que se extienda uniformemente.
3. Hornea durante una hora y quince minutos, pero tendrás que remover cada veinte minutos.
4. Dejar que se enfríe antes de servir.

nutrición

Calorías: 239

Proteína: 6g

Grasa: 11g

6. Panqueques de linaza

Tiempo de preparación: 9 minutos

Tiempo de cocción: 8 minutos

Porción: 1

ingredientes:

- 3 Cucharadas de agua
- 2 Cucharadas de linaza
- 1 1/2 cucharadas de aceite de coco

- 1/2 Cucharada de vainilla polvo vegano
- 1/4 cucharadita de levadura en polvo

Indicaciones:

1. Mezcle una cucharada de linaza con agua y luego mezcle su aceite.
2. Mezcle su polvo de hornear, proteína en polvo, semilla de lino y sal juntos en un tazón.
3. Revuelva los ingredientes húmedos y secos juntos y luego precaliente una sartén antiadherente a fuego medio.
4. Saque la masa en su sartén, cocinando durante cinco minutos. Voltear la cocción durante dos minutos en el otro lado. Repite hasta que hayas terminado toda tu masa.

nutrición

Calorías: 309

Proteína: 13.4g

Grasa: 27.1g

7. Cereales para el desayuno

Tiempo de preparación: 31 minutos

Tiempo de cocción: 9 minutos

Sirviendo: 6

ingredientes:

- 1/4 cucharada de mantequilla vegana
- 2 1/4 Tazas de Agua
- 1 Cucharadita de canela
- 1 taza de arroz integral sin cocer
- 1/2 Taza Pasas, Sin Semillas

Indicaciones:

1. Comience combinando su canela, pasas, arroz y mantequilla en una cacerola antes de agregar su agua. Hervir, y dejar que se cuece a fuego lento mientras está cubierto durante cuarenta minutos. Pelusa con un tenedor.
2. Servir con miel.

nutrición

Calorías: 160

Proteína: 3g

Grasa: 1.5g

8. Berenjena Hash Browns

Tiempo de preparación: 14 minutos

Tiempo de cocción: 9 minutos

Porción: 8

ingredientes:

- 1 berenjena; cebolla roja
- 2 pimientos rojos, sembrados y en dados
- 1/4 taza de almendras; hojas de menta
- 1/2 cucharadita de semillas de cilantro; canela
- 1/4 cucharadita de pimienta de Cayena

Indicaciones:

1. Comience calentando el aceite en una sartén, abrasando su pimiento y berenjena, cocinando durante tres minutos. Asegúrese de remover de vez en cuando.
2. Añadir en su cebolla y 4 dientes de ajo, cocinando durante dos minutos.

3. Lanza tus hojas de menta, almendras y 1/2 taza de tomates. Asegúrese de calentar todo el camino a través de, y luego añadir en el resto de sus ingredientes.

nutrición

Calorías: 100

Proteína: 2.42g

Grasa: 6.4g

9. Cuenco de batido de melón cantaloupe

Tiempo de preparación: 9 minutos

Tiempo de cocción: 0 minutos

Porción: 2

ingredientes:

- 3/4 taza de jugo de zanahoria
- 4 Cps Melón, Congelado y En Cubo
- Mellon bolas o bayas para servir
- Pellizcar sal marina

Indicaciones:

1. Mezcla todo hasta que quede suave.

nutrición

Calorías: 135

Proteína: 3g

Grasa: 1g

10. Avena afrutado

Tiempo de preparación: 17 minutos

Tiempo de cocción: 8 minutos

Porción: 2

ingredientes:

- 1/2 taza de jugo de manzana, fresco y congelado
- 1/2 taza de avena; Agua
- 3 ciruelas pasas; Albaricoques
- 1 manzana, pequeña &cortada en dados
- 4 pecanas, troceadas

Indicaciones:

1. Comience por sacar una cacerola pequeña y mezcle su jugo de manzana y agua, llevando la mezcla a ebullición.
2. Añadir media taza de avena, cocinando durante un minuto. Agregue sus nueces, 1/4 cucharadita de canela y trozos de fruta. Asegúrese de remover.

nutrición

Calorías: 230

Proteína: 4.6g

Grasa: 5.6g

11. Batido de mango verde

Tiempo de preparación: 6 minutos

Tiempo de cocción: 0 minutos

Porción: 1

ingredientes:

- 2 Tazas Espinacas
- 1-2 Tazas de Agua de Coco
- 2 Mangos, Maduros, Pelados y Dados

Indicaciones:

1. Mezcla todo hasta que quede suave.

nutrición

Calorías: 417

Proteína: 7.2g

Grasa: 2.8g

12.   Ensalada de frutas

Tiempo de preparación: 17 minutos

Tiempo de cocción: 0 minutos

Porción: 4

ingredientes:

- 1/8 cucharadita de canela; cardamomo; jengibre
- 2 tazas de piña, fresca y en cubos
- 1 taza de plátano; naranja
- 1 taza de mango, maduro, en dados y pelado
- 1 cucharada de lima, ralladura &exprimido

Indicaciones:

1. Tire todo junto, y deje que se siente escalofriante durante una hora antes de servir.

nutrición

Calorías: 276

Proteína: 3.1g

Grasa: 12.3g

13.   Gachas de linaza

Tiempo de preparación: 6 minutos

Tiempo de cocción: 9 minutos

Porción: 2

ingredientes:

- 1 taza de leche de almendras

- 1 cucharadita de canela; extracto de vainilla
- 1/4 taza de harina de coco
- 1/4 taza de linaza molida
- 10 gotas de stevia

Indicaciones:

1. Caliente su leche de almendras en una cacerola usando poco calor, y batir su harina de coco, sal, canela y linaza juntos.
2. Añade tu stevia y vainilla una vez que esté burbujeando
3. Retírelo del fuego, mezclando todos sus ingredientes juntos.
4. Desdobe con arándanos, coco, semillas de calabaza y almendras antes de servir.

nutrición

Calorías: 405

Proteína: 10g

Grasa: 34g

14.   Hash Browns picantes

Tiempo de preparación: 23 minutos

Tiempo de cocción: 22 minutos

Porción: 5

ingredientes:

- 1 Pimentón de cucharadita
- 1/4 cucharadita de pimiento rojo
- 3/4 cucharadita de chile en polvo
- 2 cucharadas de aceite de oliva
- 6 1/2 Tazas Patatas, Dados

Indicaciones:

1. Ponga el horno a 400, y luego saque un tazón grande.
2. Mezcle su aceite de oliva, chile en polvo, pimientos rojos, sal, pimienta negra y pimentón. Revuelva bien.
3. Cubra sus papas en la mezcla, y luego organice sus papas en una hoja de hornear en una sola capa
4. Hornear durante unos treinta minutos.

nutrición

Calorías: 227

Proteína: 3.9g

Grasa: 5.7g

15. Kiwi Aguanieve

Tiempo de preparación: 6 minutos

Tiempo de cocción: 0 minutos

Porción: 2

ingredientes:

- 18 cubitos de hielo de té de chocolate
- 1 taza de leche de arroz de vainilla
- 2 frutas maduras de kiwi, cortadas en rodajas y congeladas

Indicaciones:

1. Mezcla todo hasta que quede suave.

nutrición

Calorías: 42.1

Proteína: 0.8g

Grasa: 0.4g

16. Batido de semillas de chía

Tiempo de preparación: 7 minutos

Tiempo de cocción: 0 minutos

Porción: 3

ingredientes:

- 1 cucharada de semillas de chía; jengibre
- 2 Fechas de Medjool, picadas
- 1 taza de brotes de alfalfa; Agua
- 1 plátano
- 1/2 taza de leche de coco, sin azúcar

Indicaciones:

1. Mezcla todo hasta que quede suave.

nutrición

Calorías: 477

Proteína: 8g

Grasa: 29g

17. Batido de mango

Tiempo de preparación: 6 minutos

Tiempo de cocción: 0 minutos

Porción: 3

ingredientes:

- 1 Zanahoria, Pelada y Picada
- 1 taza de fresas
- 1 taza de melocotones, picados
- 1 Plátano, congelado y en rodajas
- 1 Taza de Mango, Picado

Indicaciones:

1. Mezcla todo hasta que quede suave.

nutrición

Calorías: 376

Proteína: 5g

Grasa: 2g

18.   Quinua y Tazón de Chocolate

Tiempo de preparación: 24 minutos

Tiempo de cocción: 11 minutos

Porción: 2

ingredientes:

- 1 taza de leche de almendras; quinua; Agua
- 1 plátano
- 2 cucharadas de mantequilla de almendras; cacao en polvo
- 1 cucharada de semillas de chía, molidas
- 1/4 taza de frambuesas, frescas

Indicaciones:

1. Coloque su canela, leche, agua y quinua en una olla, llevándola a ebullición antes de bajarla a fuego lento para cocer a fuego lento. Cubrir, cociendo a fuego lento durante veinticinco a treinta minutos.
2. Puré su plátano, mezclando en su mantequilla de almendras, linaza y cacao en polvo.
3. Saque una taza de quinua en un tazón, y luego rebasque con budín, frambuesas y nueces si las está usando antes de servir.

nutrición

Calorías: 392

Proteína: 12g

Grasa: 19g

19.   Hachís vegetal

Tiempo de preparación: 21 minutos

Tiempo de cocción: 14 minutos

Porción: 4

ingredientes:

- 1 cucharada de hojas de salvia; perejil
- 1 pimiento; cebolla
- 3 patatas rojas, en dados
- 15 onzas frijoles negros, en conserva
- 2 tazas de acelgas suizas, picadas

Indicaciones:

1. Comience por cocinar su patata, 3 dientes de ajo y cebolla en una sartén con su aceite. Esto tomará veinte minutos.
2. Agregue sus acelgas y frijoles suizos, cocinando durante tres minutos más.
3. Espolvorear con sal y pimienta, luego servir con perejil.

nutrición

Calorías: 273

Proteína: 9g

Grasa: 11g

20.   Gachas de nogal

Tiempo de preparación: 9 minutos

Tiempo de cocción: 16 minutos

Porción: 2

ingredientes:

- 1/2 taza de leche de coco, sin azúcar
- 1 taza de teff, grano entero
- 1/2 cucharadita de cardamomo, molido
- 1/4 taza de nueces, picadas

- 1 cucharada de jarabe de arce, puro

Indicaciones:

1. Comience combinando su aceite de coco y agua, llevándolo a ebullición antes de remover en su teff.
2. Agregue el cardamomo y luego deje que se cocine a fuego lento durante veinte minutos.
3. Mezcle sus nueces y jarabe de arce antes de servir.

nutrición

Calorías: 312

Proteína: 7g

Grasa: 18g

21. Papas fritas

Tiempo de preparación: 40 minutos

Tiempo de cocción: 30 minutos

Porciones: 3

ingredientes:

- 2 patatas, cortadas en rodajas gruesas
- 1 cuenco de agua
- 2 cucharadas de aceite de oliva
- 1/4 cucharadita de pimentón
- 1 cucharada de maicena

dirección:

1. Remoje las tiras de patata en agua durante 30 minutos.
2. Escurrir y pat intentar.
3. Lad en aceite de oliva.
4. Sazonar con sal, pimienta y pimentón.
5. Cubrir con maicena.
6. Rocíe la cesta de la freidora de aire con aceite.

7. Cocine a 360F durante 30 minutos agitando cada 5 minutos.
8. Desocer con cebolla verde.

nutrición:

Calorías 185

Grasa 9g

Proteína 2g

22. Cuñas crujientes de calabacín

Tiempo de preparación: 10 minutos

Tiempo de cocción: 12 minutos

Porciones: 6

ingredientes:

- 1/2 taza de harina multiusos
- 2 huevos veganos
- 1 calabacín, cortado en cuñas
- 1/2 cucharada de vinagre de vino tinto
- 2 cucharadas de pasta de tomate

dirección:

1. Rocíe la cesta de la freidora de aire con aceite.
2. Poner la harina en un plato.
3. En otro plato, combine huevos veganos y 2 cucharadas de agua.
4. En un tercer plato, poner las migas de pan.
5. Sumerja cada tira de calabacín en los tres platos, primero la harina, luego los huevos y el agua, y por último las 1 1/2 migas de pan.
6. Cocine en la freidora de aire a 360F durante 12 minutos, agitando una vez.

7. Incorporar el resto de ingredientes en un bol.
8. Servir papas fritas de calabacín con salsa para mojar.

nutrición

Calorías 235

Grasa 12g

Proteína 6g

23. Patatas fritas

Tiempo de preparación: 40 minutos

Tiempo de cocción: 15 minutos

Porciones: 4

ingredientes:

- 1 batata, cortada en rodajas finas
- 1 cuenco de agua
- 1 cucharada de aceite de oliva
- Sal y pimienta al gusto
- Spray de cocina

dirección:

1. Sumergir las rodajas de batata en un bol de agua durante 30 minutos.
2. Escurrir y luego secar con toallas de papel.
3. Se lata en aceite y sazona con sal y pimienta.
4. Rocíe la cesta de la freidora de aire con aceite.
5. Cocine la batata a 350 grados F durante 15 minutos, agitando cada 5 minutos.

nutrición

Calorías 62

Grasa 4g

Proteína 0.1g

24. Patatas al horno con brócoli y queso

Tiempo de preparación: 10 minutos

Tiempo de cocción: 30 minutos

Porciones: 8

ingredientes:

- 4 patatas
- 1 taza de leche de almendras, dividida
- 2 cucharadas de harina multiusos
- 1/2 taza de queso vegano, dividido
- 1 taza de brócoli, floretes, picado

dirección:

1. Poke todos los lados de las patatas con un tenedor.
2. Microondas en alto nivel durante 5 minutos.
3. Voltear y microondas durante otros 5 minutos.
4. En una cacerola a fuego medio, calentar 3/4 taza de leche durante 2 minutos, removiendo con frecuencia.
5. Añadir la leche restante en un bol y remover en la harina.
6. Mezclar en mezcla a la sartén y llevar a ebullición.
7. Reducir el calor
8. Reserva 2 cucharadas de queso vegano.
9. Remover en reposo el queso a la sartén y remover hasta que quede suave.
10. Añadir el brócoli, la sal y la cayena.
11. Cocine durante un minuto y luego alejándose del calor.

12. Cortar las patatas y disponer en una sola capa dentro de la freidora de aire.

13. Tapar con la mezcla de brócoli.

14. Añadir otra capa de patatas y mezcla de brócoli.

15. Espolvorear queso reservado en la parte superior.

16. Cocine a 350 grados F durante 5 minutos.

17. Decorar con cebolleta picada.

nutrición

Calorías 137

Grasa 3g

Proteína 5g

25. Col rizada crujiente

Tiempo de preparación: 5 minutos

Tiempo de cocción: 10 minutos

Porciones: 2

ingredientes:

- 6 tazas de hojas de col rizada, rasgadas
- 1 cucharada de aceite de oliva
- 1 1/2 cucharaditas de salsa de soja baja en sodio
- 1/4 cucharadita de comino molido
- 1/2 cucharadita de semillas de sésamo blanco

dirección:

1. Rocíe la cesta de la freidora de aire con aceite.

2. Lanzamiento de col rizada en aceite, sal y salsa de soja.

3. Cocine a 375 F durante 10 minutos. Agite cada 3 minutos.

4. Espolvorear con comino y semillas de sésamo antes de servir.

nutrición

Calorías 140

Grasa 9g

Proteína 4g

26. Setas de ajo

Tiempo de preparación: 10 minutos

Tiempo de cocción: 15 minutos

Porciones: 2

ingredientes:

- 8 oz. setas, enjuagadas, secas y cortadas por la mitad
- 1 cucharada de aceite de oliva
- 1/2 cucharadita de ajo en polvo
- 1 cucharadita de salsa Worcestershire
- 1 cucharada de perejil picado

dirección:

1. Lastrar setas en aceite.

2. Sazonar con ajo en polvo, sal, pimienta y salsa Worcestershire.

3. Cocine a 380F durante 11 minutos, temblando a mitad de camino.

4. Tapa con perejil antes de servir.

nutrición

Calorías 90

Grasa 7.4g

Proteína 3.8g

27. Patatas de romero

Tiempo de preparación: 15 minutos

Tiempo de cocción: 15 minutos

Porciones: 4

ingredientes:

- 4 patatas en cubos
- 1 cucharada de ajo picado
- 2 cucharaditas de romero seco, picado
- 1 cucharada de zumo de lima
- 1/4 taza de perejil, picado

dirección:

1. Poner los cubos de patata en aceite y sazonar con ajo, romero, sal y pimienta.
2. Poner en la freidora de aire.
3. Cocine a 400F durante 15 minutos.
4. Remover en zumo de lima y rematar con perejil antes de servir.

nutrición

Calorías 244

Grasa 10.5g

Proteína 3.9g

28.   Zanahorias picantes asadas

Tiempo de preparación: 5 minutos

Tiempo de cocción: 15 minutos

Porciones: 4

ingredientes:

- Zanahorias de 1/2 lb, cortadas en rodajas
- 1/2 cucharada de aceite de oliva
- 1/8 cucharadita de ajo en polvo
- 1/4 cucharadita de chile en polvo
- 1 cucharadita de comino molido

dirección:

1. Prepare su freidora de aire a 390F durante 5 minutos.
2. Cocine las zanahorias a 390 grados F durante 10 minutos.
3. Traslado a un cuenco.
4. Mezcle el aceite, la sal, el polvo de ajo, el chile en polvo y el comino molido.
5. Cubra las zanahorias con la mezcla de aceite.
6. Vuelva a poner las zanahorias en la freidora de aire y cocine durante otros 5 minutos.
7. Descuenta con semillas de sésamo y cilantro.

nutrición

Calorías 82

Grasa 3.8g

Proteína 1.2g

29.   Papas fritas de alcachofa al horno

Tiempo de preparación: 10 minutos

Tiempo de cocción: 10 minutos

Porciones: 4

ingredientes:

- Corazones de alcachofa en conserva de 14 onzas, escurridos, enjuagados y cortados en cuñas
- 1 taza de harina multiusos
- 1/2 taza de leche de almendras
- 1/2 cucharadita de ajo en polvo; Pimiento
- 1 1/2 taza de migas de pan

dirección:

1. Seque los corazones de alcachofa presionando una toalla de papel en la parte superior.
2. En un bol, mezclar la harina, la leche, el ajo en polvo, la sal y la pimienta.
3. En un plato poco profundo, añadir el pimentón y las migas de pan.
4. Sumerja cada cuña de alcachofa en el primer tazón y luego cubra con la mezcla de migas de pan.
5. Cocine a 450 grados durante 10 minutos.
6. Sirva papas fritas con su elección de salsa para mojar.

nutrición

Calorías 391

Grasa 9.8g

Proteína 12.7g

30. Tiras de tofu al horno

Tiempo de preparación: 30 minutos

Tiempo de cocción: 40 minutos

Porciones: 4

ingredientes:

- 2 cucharadas de aceite de oliva
- 1/2 cucharadita de albahaca; orégano
- 1/4 cucharadita de pimienta de Cayena; Pimiento
- 1/4 cucharadita de ajo en polvo; cebolla en polvo
- 15 onzas de tofu, drenado

dirección:

1. Combina todos los ingredientes excepto el tofu.
2. Mezclar bien.

3. Cortar el tofu en tiras y secar con toalla de papel.
4. Marinar en la mezcla durante 10 minutos.
5. Sitúe en la freidora de aire a 375F durante 15 minutos, temblando a mitad de camino.

nutrición

Calorías 132

Grasa 10g

Proteína 7g

31. Papas fritas de aguacate

Tiempo de preparación: 10 minutos

Tiempo de cocción: 10 minutos

Porciones: 4

ingredientes:

- Sal al gusto
- 1/2 taza de panko migas de pan
- 1 taza de aquafaba líquido
- 1 aguacate, cortado en tiras

dirección:

1. Mezclar la sal y las migas de pan en un bol.
2. En otro bol, vierta el líquido de aquafaba.
3. Sumerja cada tira de aguacate en el líquido y luego drage con migas de pan.
4. Cocine en la freidora de aire a 390F durante 10 minutos, agitando a mitad de camino.

nutrición

Calorías 111

Grasa 9.9g

Proteína 1.2g

32. Verduras crujientes

Tiempo de preparación: 15 minutos

Tiempo de cocción: 8 minutos

Porciones: 4

ingredientes:

- 1 taza de harina de arroz
- 2 cucharadas de huevo vegano en polvo
- 1 taza de migas de pan
- 1 taza de calabaza; calabacín
- 1/2 taza de judías verdes; coliflor

dirección:

1. Configurar tres cuencos.
2. Uno es para la harina de arroz, otro para el huevo en polvo, 1 cucharada de levadura nutricional y 2/3 de agua, otro para las migas de pan.
3. Sumerja cada una de las rodajas de verduras en el primer, segundo y tercer tazón.
4. Rocíe la cesta de la freidora de aire con aceite.
5. Cocine a 380 grados F durante 8 minutos o hasta que esté crujiente.

nutrición

Calorías 272

Grasa 2.2g

Proteína 7.9g

33. Aperitivos de cebolla

Tiempo de preparación: 10 minutos

Tiempo de cocción: 4 minutos

Porciones: 4

ingredientes:

- Cebollas de 2 lb, cortadas en rodajas en anillos
- 2 huevos veganos
- 1 cucharadita de ajo en polvo; cayena
- 1/4 taza de crema agria vegana; mayo
- 1 cucharada de ketchup; Pimiento

dirección:

1. Combine los huevos y 1 taza de leche de almendras en un solo plato.
2. En otro plato, mezclar las 2 tazas de harina, pimentón, sal, pimienta, ajo en polvo y pimienta de Cayena.
3. Sumerja cada cebolla en la mezcla de huevos antes de recubrir con la mezcla de harina.
4. Rocíe con aceite.
5. Freidora de aire a 350F durante 4 minutos.
6. Servir con las salsas de inmersión.

nutrición

Calorías 364

Grasa 14.5g

Proteína 8.1g

34. Coles de Bruselas crujientes

Tiempo de preparación: 5 minutos

Tiempo de cocción: 1 minutos

Porciones: 2

ingredientes:

- 2 tazas coles de Bruselas, cortadas en rodajas
- 1 cucharada de aceite de oliva
- 1 cucharada de vinagre balsámico
- Sal al gusto

dirección:

1. Lanza todos los ingredientes en un bol.
2. Alevines de aire durante 10 minutos a 400F; agitar una o dos veces durante el proceso de cocción.
3. Compruebe si está lo suficientemente crujiente.
4. Si no, cocine durante otros 5 minutos.

nutrición

Calorías 100

Grasa 7.3g

Proteína 3g

35. Tots de batata

Tiempo de preparación: 10 minutos

Tiempo de cocción: 12 minutos

Porciones: 10

ingredientes:

- 2 tazas de puré de batata
- 1/2 cucharadita de sal
- 1/2 cucharadita de comino
- 1/2 cucharadita de cilantro
- 1/2 taza de migas de pan

dirección:

1. Prepare su freidora de aire a 390F.
2. Combina todos los ingredientes en un bol.
3. Forma en bolas.

4. Disponer en la freidora de aire.
5. Rocíe con aceite.
6. Cocine durante 6 minutos o hasta que esté dorado.
7. Servir con mayo vegano.

nutrición

Calorías 77

Grasa 0.8g

Proteína 1.8g

36. Tofu de limón

Tiempo de preparación: 15 minutos

Tiempo de cocción: 25 minutos

Porciones: 4

ingredientes:

- 1 lb. de tofu, cortado en cubos
- 1 cucharada de polvo de arrurruz; Tamari
- 1/4 taza de jugo de limón
- 1 cucharadita de ralladura de limón
- 2 cucharadas de azúcar

dirección:

1. Recubre los cubos de tofu en tamari.
2. Dragado con polvo de arrurruz.
3. Dejar reposar durante 15 minutos.
4. Añadir el resto de los ingredientes en un bol, mezclar y dejar a un lado.
5. Cocine el tofu en la freidora de aire a 390 grados F durante 10 minutos, agitando a mitad de camino.
6. Poner el tofu en una sartén a fuego medio alto.
7. Revuelva en la salsa.
8. Cocine a fuego lento hasta que la salsa se haya espesado.

9. Servir con arroz o verduras.

nutrición

Calorías 112

Grasa 3g

Proteína 8g

37. Coliflor de búfalo

Tiempo de preparación: 10 minutos

Tiempo de cocción: 12 minutos

Porciones: 4

ingredientes:

- 1 coliflor, cortada en rodajas
- 2 cucharadas de salsa picante; levadura nutricional
- 1 1/2 cucharaditas de jarabe de arce
- 2 cucharaditas de aceite de aguacate
- 1 cucharada de almidón de arrurruz

dirección:

1. Precaliente su freidora a 360 grados F.
2. Incorporar todos los ingredientes excepto la coliflor.
3. Mezclar bien.
4. Lanzar coliflor en la mezcla para recubrir uniformemente.
5. Cocine en la freidora de aire durante 14 minutos, agitando a mitad de camino durante la cocción.

nutrición

Calorías 52

Grasa 0.7g

Proteína 3.7g

38. Tacos de garbanzos

Tiempo de preparación: 10 minutos

Tiempo de cocción: 20 minutos

Porciones: 4

ingredientes:

- 19 onzas de garbanzos enlatados, enjuagados y escurridos
- 4 tazas de flores de coliflor, picadas
- 2 cucharadas de condimento de tacos
- 4 tazas de repollo, triturado
- 2 aguacates, cortados en rodajas

dirección:

1. Prepare su freidora de aire a 390 grados F.
2. Deseba los garbanzos y la coliflor en aceite de oliva.
3. Espolvorear con condimentos de tacos.
4. Poner en la cesta de la freidora de aire.
5. Cocine durante 20 minutos, agitando de vez en cuando.
6. Relleno en las 4 tortillas y tapa con repollo, aguacate y yogur.

nutrición

Calorías 464

Grasa 18.6g

Proteína 17.3g

39. Coliflor dulce y picante

Tiempo de preparación: 10 minutos

Tiempo de cocción: 30 minutos

Porciones: 4

ingredientes:

- 4 tazas de flores de coliflor
- 1 1/2 cucharadas de tamari
- 1 cucharada de vinagre de arroz; salsa picante
- 1/2 cucharadita de azúcar de coco
- 2 cebolletas, picadas

dirección:

1. Sitúe la coliflor en la cesta de la freidora de aire.
2. Cocine durante 10 minutos a 350F, temblando a mitad de camino.
3. Añadir la 1 cebolla y cocinar durante otros 10 minutos.
4. Añadir los 5 dientes de ajo y remover.
5. Cocine durante 5 minutos más.
6. Incorporar todos los ingredientes excepto las cebolletas.
7. Añadir a la freidora de aire. Mezclar bien.
8. Cocine durante 5 minutos.
9. Espolvorear cebolletas en la parte superior antes de servir.

nutrición

Calorías 93

Grasa 3g

Proteína 4g

40.   Tofu italiano

Tiempo de preparación: 10 minutos

Tiempo de cocción: 10 minutos

Porciones: 2

ingredientes:

- 8 onzas de tofu, cortado longitudinalmente
- 1 cucharada de caldo; Tamari
- 1/2 cucharadita de orégano seco
- 1/2 cucharadita de albahaca seca; ajo
- 1/4 cucharadita de cebolla granulada

dirección:

1. Escurrir las rebanadas de tofu con toalla de papel.
2. Incorporar el resto de los ingredientes en un bol.
3. Recubre el tofu con la mezcla y marinar durante 10 minutos.
4. Establezca su freidora de aire en 400F.
5. Freír el tofu durante 6 minutos.
6. Gire y luego cocine durante otros 4 minutos.
7. Servir con pasta o verduras.

nutrición

Calorías 87

Grasa 4.4g

Fibra 1.3g

41.   Mijo Pilaf

Tiempo de preparación: 10 minutos

Tiempo de cocción: 10 minutos

Porciones: 4

ingredientes:

- 1 taza de mijo, sin cocer
- 8 albaricoques secos, picados
- 1/4 taza de pistachos con cáscara, picados
- 1 1/2 cucharadas de aceite de oliva
- 1 limón, exprimido

dirección:

1. Encienda la olla instantánea, coloque el mijo y 1 3/4 taza de agua en la olla interior y revuelva hasta que se mezcle.
2. Asegure la olla instantánea con su tapa en la posición sellada, luego presione el botón manual, ajuste el tiempo de cocción a 10 minutos, seleccione la cocción a alta presión y deje cocinar hasta que la olla instantánea zumba.
3. La olla instantánea tomará 10 minutos o más para aumentar la presión, y cuando zumbe, presione el botón de cancelación y libere la presión natural durante 10 minutos o más hasta que la perilla de presión caiga.
4. Luego abra cuidadosamente la olla instantánea, agregue los ingredientes restantes, sazonar con 3/4 cucharadita de sal y 1/2 cucharadita de pimienta negra molida, y revuelva hasta que se mezcle.
5. Desgase con perejil y sirva de inmediato.

nutrición

Calorías: 308

Grasa: 11g

Proteína: 7g

42.   Tazones de arroz de quinua y coliflor especiados

Tiempo de preparación: 15 minutos

Tiempo de cocción: 15 minutos

Porciones: 8

ingredientes:

- Cubos de tofu de 12 onzas, extra firmes, drenados y de 1/2 pulgada
- 1 taza de quinua, sin cocer
- 2 pimientos rojos medianos, picados
- 1 cebolla blanca grande, pelada y picada
- 4 tazas de arroz de coliflor

dirección:

1. Encienda la olla instantánea, engrase la olla interior con 1 cucharada de aceite de oliva, presione el botón de salteado / cocer a fuego lento, luego ajuste el tiempo de cocción a 5 minutos y deje que se precaliente.

2. Añadir la cebolla, cocinar durante 3 minutos, y luego añadir 1 cucharadita de ajo picado, y quinua y cocinar durante 2 minutos.

3. Luego sazonar la quinua con 1 cucharadita de sal, 1/2 cucharadita de pimienta negra molida, 1 cucharadita de cúrcuma molida, 1 cucharadita de comino molido y 1 cucharadita de cilantro molido, remover hasta mezclar y cocinar durante 1 minuto o hasta que sea fragante.

4. Remover en 2 cucharadas de caldo de verduras, añadir el tofu y el pimiento rojo, verter en 2 tazas de caldo de verduras y remover hasta que se mezcle.

5. Presione el botón de cancelación, asegure la olla instantánea con su tapa en la posición sellada, luego presione el botón manual, ajuste el tiempo de cocción a 1 minuto, seleccione la cocción a alta presión y deje cocinar hasta que la olla instantánea zumba.

6. La olla instantánea tomará 10 minutos o más para aumentar la presión, y cuando zumbe, presione el botón de cancelación, haga una liberación de presión natural durante 5 minutos y luego libere la presión rápida hasta que la perilla de presión caiga.

7. Luego abra cuidadosamente la olla instantánea, agregue arroz de coliflor junto con los ingredientes restantes, reservando jugo de limón, cilantro y almendras, y revuelva hasta que se mezcle.

8. Cierre la olla instantánea con la tapa y deje reposar la mezcla durante 5 minutos o hasta que el arroz de coliflor esté tierno y crujiente.

9. Descuenta con cilantro y almendras, llovizna con jugo de limón y servir.

nutrición

Calorías: 211

Grasa: 8.2g

Proteína: 11.2g

43. Frijoles negros y arroz

Tiempo de preparación: 10 minutos

Tiempo de cocción: 40 minutos

Porciones: 8

ingredientes:

- 1 1/2 taza de arroz integral
- 1 1/2 taza de frijoles negros secos
- 1/2 cebolla blanca mediana, pelada y picada
- 2 cucharadas de ajo picado

dirección:

1. Encienda la olla instantánea, engrase la olla interior con 2 cucharaditas de aceite de oliva, presione el botón de saltear / cocer a fuego lento, luego ajuste el tiempo de cocción a 5 minutos y deje que se precaliente.

2. Agregue la cebolla, cocine durante 3 minutos, luego agregue el ajo, sazonar con 1 3/4 cucharadita de sal, 2 cucharaditas de chile rojo en polvo, 1 1/2 cucharadita de pimentón, 2 cucharaditas de comino molido y 1 1/2 cucharadita de orégano seco y

cocine durante 1 minuto o hasta que sea fragante.

3. Añadir los frijoles y el arroz, verter en 3 tazas de agua y 3 tazas de caldo de verduras y remover hasta que se mezcle.

4. Presione el botón de cancelación, asegure la olla instantánea con su tapa en la posición sellada, luego presione el botón manual, ajuste el tiempo de cocción a 30 minutos, seleccione la cocción a alta presión y deje cocinar hasta que la olla instantánea zumba.

5. La olla instantánea tomará 10 minutos o más para aumentar la presión, y cuando zumbe, presione el botón de cancelación y libere la presión natural durante 10 minutos o más hasta que la perilla de presión caiga.

6. Luego abra cuidadosamente la olla instantánea, pelee el arroz con un tenedor, llovizna con jugo de lima y sirva con salsa.

nutrición

Calorías: 268

Grasa: 9g

Proteína: 10.3g

44. Curry de garbanzos

Tiempo de preparación: 10 minutos

Tiempo de cocción: 17 minutos

Porciones: 6

ingredientes:

- Garbanzos cocidos de 30 onzas
- 1 taza de maíz, congelado
- Tomates en dados de 14,5 onzas
- 1 cebolla blanca mediana, pelada y cortada en dados
- 1 taza de hojas de col rizada

dirección:

1. Encienda la olla instantánea, engrase la olla interior con 2 cucharadas de aceite de oliva, presione el botón de saltear / cocer a fuego lento, luego ajuste el tiempo de cocción a 5 minutos y deje que se precaliente.

2. Añadir la cebolla, cocinar durante 4 minutos o hasta que se ablande, luego añadir el pimiento y 1 cucharada de ajo picado y cocinar durante 2 minutos.

3. Sazonar con 1 cucharada de polvo de curry, 1 cucharadita de sal marina y 1/4 cucharadita de pimienta negra molida, continuar cocinando durante 30 segundos, luego agregar los ingredientes restantes, verter 1/2 taza de jugo de tomate y 1 taza de caldo de verduras y remover hasta que se mezcle.

4. Presione el botón de cancelación, asegure la olla instantánea con su tapa en la posición sellada, luego presione el botón manual, ajuste el tiempo de cocción a 5 minutos, seleccione la cocción a alta presión y deje cocinar hasta que la olla instantánea zumba.

5. La olla instantánea tomará 10 minutos o más para aumentar la presión, y cuando zumbe, presione el botón de cancelación y libere la presión natural durante 10 minutos o más hasta que la perilla de presión caiga.

6. Luego abra cuidadosamente la olla instantánea, revuelva el curry, luego rocíe con jugo de lima y rebaste con cilantro.

7. Servir de inmediato.

nutrición

Calorías: 119

Grasa: 5g

Proteína: 2g

45. Sopa de guisantes divididos

Tiempo de preparación: 10 minutos

Tiempo de cocción: 20 minutos

Porciones: 4

ingredientes:

- 2 tazas de guisantes amarillos partidos, sin cocer
- 1 cebolla blanca mediana, pelada y cortada en dados
- 2 tallos de apio, cortados en rodajas
- 3 zanahorias medianas, cortadas en rodajas
- 1 1/2 cucharadita de ajo picado

dirección:

1. Encienda la olla instantánea, engrase la olla interior con 1 cucharada de aceite de oliva, presione el botón de salteado / cocer a fuego lento, luego ajuste el tiempo de cocción a 5 minutos y deje que se precaliente.

2. Agregue la cebolla, cocine durante 1 minuto, luego agregue zanahoria, ajo y apio y cocine durante 2 minutos o hasta que saltee.

3. Sazonar las verduras con 1 cucharadita de sal, 1 cucharadita de comino molido, 1/2 cucharadita de cilantro molido y 2 cucharaditas de polvo de curry, remover hasta mezclar y verter en 2 tazas de agua y 4 tazas de caldo de verduras.

4. Presione el botón de cancelación, asegure la olla instantánea con su tapa en la posición sellada, luego presione el botón manual, ajuste el tiempo de cocción a 10 minutos, seleccione la cocción a alta presión y deje cocinar hasta que la olla instantánea zumba.

5. La olla instantánea tomará 10 minutos o más para aumentar la presión, y cuando zumbe, presione el botón de cancelación y libere la presión natural durante 10 minutos o más hasta que la perilla de presión caiga.

6. Luego abra cuidadosamente la olla instantánea, revuelva la sopa, desvenezca con perejil y sirva.

nutrición

Calorías: 158

Grasa: 2.8g

Proteína: 8.3g

46. Arroz español

Tiempo de preparación: 10 minutos

Tiempo de cocción: 20 minutos

Porciones: 6

ingredientes:

- 1 1/2 tazas de arroz blanco, enjuagado

- 1 cebolla pequeña, pelada y picada
- 1 1/2 tazas de pimiento mezclado, en dados
- 1 tomate mediano, sembrado y en dados
- Pasta de tomate de 6 onzas

dirección:

1. Encienda la olla instantánea, engrase la olla interior con 1 cucharada de aceite de oliva, presione el botón de salteado / cocer a fuego lento, luego ajuste el tiempo de cocción a 5 minutos y deje que se precaliente.
2. Añadir cebolla, 1 cucharadita de ajo picado y toda la pimienta, cocinar durante 3 minutos, luego sazonar con 3/4 cucharadita de sal, 1/2 cucharadita de chile rojo en polvo y 1/4 cucharadita de comino molido, verter en 2 tazas de caldo de verduras y remover hasta que se mezcle.
3. Presione el botón de cancelación, asegure la olla instantánea con su tapa en la posición sellada, luego presione el botón manual, ajusta el tiempo de cocción a 10 minutos, seleccione la cocción a alta presión y deje cocinar hasta que la olla instantánea zumba.
4. La olla instantánea tomará 10 minutos o más para aumentar la presión, y cuando zumbe, presione el botón de cancelación y libere la presión natural durante 10 minutos o más hasta que la perilla de presión caiga.
5. Luego abra cuidadosamente la olla instantánea, esponse el arroz con un tenedor, espolvoree con perejil y sirva.

nutrición

Calorías: 211

Grasa: 3.6g

Proteína: 4.6g

47. Arroz integral especiado

Tiempo de preparación: 10 minutos

Tiempo de cocción: 22 minutos

Porciones: 3

ingredientes:

- 1 1/2 tazas de arroz integral
- 1/2 taza de albaricoques picados, secos
- 1/2 taza de anacardos, tostados
- 1/2 taza de pasas

dirección:

1. Encienda la olla instantánea, coloque todos los ingredientes en la olla interior, espolvoree con 2 cucharaditas de jengibre rallado, 1/2 cucharadita de canela y 1/8 cucharadita de clavo molido, vierta 3 tazas de agua y revuelva hasta que se mezcle.
2. Asegure la olla instantánea con su tapa en la posición sellada, luego presione el botón manual, ajuste el tiempo de cocción a 22 minutos, seleccione la cocción a alta presión y deje cocinar hasta que la olla instantánea zumba.
3. La olla instantánea tomará 10 minutos o más para aumentar la presión, y cuando zumbe, presione el botón de cancelación y libere la presión natural

durante 10 minutos o más hasta que la perilla de presión caiga.

4. A continuación, abra cuidadosamente la olla instantánea, esponje el arroz con un tenedor y decorar con anacardos.

5. Servir de inmediato.

nutrición

Calorías: 216

Grasa: 2g

Proteína: 5g

48. Salsa arroz integral y frijoles

Tiempo de preparación: 10 minutos

Tiempo de cocción: 25 minutos

Porciones: 4

ingredientes:

- 1 1/2 taza de arroz integral sin cocer
- 1 1/4 taza de frijoles rojos, sin cocer
- 1/2 manojo de cilantros, picado
- 1 taza de salsa de tomate

dirección:

1. Encienda la olla instantánea, agregue arroz integral y frijoles en la olla interior, vierta 2 tazas de agua y 3 tazas de caldo de verduras, y luego agregue salsa y tallos de cilantro picados, no revuelva.

2. Asegure la olla instantánea con su tapa en la posición sellada, luego presione el botón manual, ajuste el tiempo de cocción a 25 minutos, seleccione la cocción a alta presión y deje cocinar hasta que la olla instantánea zumba.

3. La olla instantánea tomará 10 minutos o más para aumentar la presión, y cuando zumbe, presione el botón de cancelación y libere la presión natural durante 10 minutos o más hasta que la perilla de presión caiga.

4. Luego abra cuidadosamente la olla instantánea, revuelva la mezcla de frijoles y arroz, desvenezca con cilantro y sirva.

nutrición

Calorías: 218.2

Grasa: 4.3g

Proteína: 10.4g

49. Tacos de lentejas de nuez

Tiempo de preparación: 10 minutos

Tiempo de cocción: 25 minutos

Porciones: 12

ingredientes:

- 1 taza de lentejas marrones, sin cocer
- 1 cebolla blanca mediana, pelada y cortada en dados
- Tomates en dados de 15 onzas, asados al fuego
- 3/4 taza de nueces picadas

dirección:

1. Encienda la olla instantánea, engrase la olla interior con 1 cucharada de aceite de oliva, presione el botón de salteado / cocer a fuego lento, luego ajuste el tiempo de cocción a 5 minutos y deje que se precaliente.

2. Añadir cebolla y 1/2 cucharadita de ajo picado, cocine durante 4 minutos,

luego sazonar con 1/2 cucharadita de sal, 1/4 cucharadita de pimienta negra molida, 1/4 cucharadita de orégano, 1 cucharada de chile rojo en polvo, 1/2 cucharadita de pimentón, 1/4 cucharadita de pimiento rojo escamas, 1 1/2 cucharadita de comino molido y remover hasta que se mezcle.

3. Vierta 2 1/4 tazas de caldo de verduras, presione el botón cancelar, asegure la olla instantánea con su tapa en la posición sellada, luego presione el botón manual, ajuste el tiempo de cocción a 15 minutos, seleccione la cocción a alta presión y deje cocinar hasta que la olla instantánea zumba.

4. La olla instantánea tomará 10 minutos o más para aumentar la presión, y cuando zumbe, presione el botón de cancelación, haga una liberación de presión natural durante 5 minutos y luego libere la presión rápida hasta que la perilla de presión caiga.

5. Luego abra cuidadosamente la olla instantánea, revuelva las lentejas, luego cucharear en las tortillas, rematar con lechuga y jalapán y servir.

nutrición

Calorías: 157.5

Grasa: 4g

Proteína: 6.5g

50.   Frijoles negros cítricos

Tiempo de preparación: 10 minutos

Tiempo de cocción: 15 minutos

Porciones: 4

ingredientes:

- 2 1/2 tazas de frijoles negros, sin cocer
- 1 cebolla blanca mediana, pelada y picada
- 2 cucharaditas de ajo picado
- 1 lima, exprimido

dirección:

1. Encienda la olla instantánea, agregue todos los ingredientes en la olla interior, sazonar con 1 cucharadita de sal, 1 cucharadita de escamas de chile rojo, 1 cucharadita de menta seca, 1 cucharadita de comino molido y cilantro, verter en 3 tazas de caldo de verduras y remover hasta que se mezcle.

2. Asegure la olla instantánea con su tapa en la posición sellada, luego presione el botón manual, ajuste el tiempo de cocción a 25 minutos, seleccione la cocción a alta presión y deje cocinar hasta que la olla instantánea zumba.

3. La olla instantánea tomará 10 minutos o más para aumentar la presión, y cuando zumbe, presione el botón de cancelación y libere la presión natural durante 10 minutos o más hasta que la perilla de presión caiga.

4. Luego abra cuidadosamente la olla instantánea, revuelva los frijoles, rocíe con jugo de lima y sirva.

nutrición

Calorías: 227

Grasa: 1g

Proteína: 15g

51.   Tofu Curry

Tiempo de preparación: 5 minutos

Tiempo de cocción: 10 minutos

Porciones: 4

ingredientes:

- Tofu extra firme y drenado de 14 onzas, cortado en cubos
- 3 cucharadas de pasta de curry verde
- 1 pimiento verde medio, con núcleo y 1 pulgada en cubos
- 1 taza de flores de brócoli
- 1 zanahoria mediana, pelada y en rodajas

dirección:

1. Encienda la olla instantánea, engrase la olla interior con aceite de oliva de 2 cucharadas, presione el botón de saltear / cocer a fuego lento, luego ajuste el tiempo de cocción a 5 minutos y deje que se precaliente.
2. Añadir pasta de curry verde, cocinar durante 30 segundos o hasta que esté fragante, luego verter en 2 tazas de leche de coco y remover hasta que se mezcle.
3. Añadir los ingredientes restantes, remover hasta que se mezclen y pulsar el botón de cancelación.
4. Asegure la olla instantánea con su tapa en la posición sellada, luego presione el botón manual, ajuste el tiempo de cocción a 2 minutos, seleccione la cocción a baja presión y deje cocinar hasta que la olla instantánea zumba.
5. La olla instantánea tomará 10 minutos o más para aumentar la presión, y cuando zumbe, presione el botón de cancelación y libere la presión rápidamente hasta que la perilla de presión caiga.
6. Luego abra cuidadosamente la olla instantánea, revuelva el curry, luego llovizna con jugo de limón y descuente con hojas de albahaca.
7. Servir de inmediato.

nutrición

Calorías: 418

Grasa: 36.8g

Proteína: 11g

52.   Chile de nuez de calabaza

Tiempo de preparación: 10 minutos

Tiempo de cocción: 30 minutos

Porciones: 4

ingredientes:

- 2 tazas de lentejas rojas, sin cocer
- Frijoles negros cocidos de 28 onzas
- Tomates asados al fuego de 28 onzas
- 1 1/2 cucharadita de ajo picado
- 2 tazas de nueces, picadas

dirección:

1. Encienda la olla instantánea, engrase la olla interior, agregue todos los ingredientes, luego agregue 3 pimientos chipotle picados, 2 pimienta poblana picada, 1 1/2 cucharadita de ajo picado, sazonar con 1 cucharada de sal, 2 cucharadas de chile rojo en polvo, 1 cucharada de

humo de pimentón y remover hasta mezclar.

2. Verter en 6 tazas de agua, a excepción del puré de calabaza y frijoles y remover hasta que se mezcle.

3. Asegure la olla instantánea con su tapa en la posición sellada, luego presione el botón de sopa, ajuste el tiempo de cocción a 30 minutos, seleccione la cocción a alta presión y deje cocinar hasta que la olla instantánea zumba.

4. La olla instantánea tomará 10 minutos o más para aumentar la presión, y cuando zumbe, presione el botón de cancelación y libere la presión natural durante 10 minutos o más hasta que la perilla de presión caiga.

5. Luego abra cuidadosamente la olla instantánea, revuelva el chile, luego agregue frijoles y 1 1/2 taza de puré de calabaza y revuelva hasta que esté bien mezclado.

6. Servir de inmediato.

nutrición

Calorías: 333

Grasa: 14g

Proteína: 13.5g

53. Curry de lentejas

Tiempo de preparación: 10 minutos

Tiempo de cocción: 23 minutos

Porciones: 5

ingredientes:

- 1 1/2 tazas de lentejas verdes, sin cocer
- jengibre
- 1 chalote pequeño, pelado y picado
- Leche de coco de 14 onzas
- 1 taza y 1 cucharada de agua, divididas

dirección:

1. Encienda la olla instantánea, engrase la olla interior con 1/2 cucharada de aceite de coco, presione el botón de saltear / cocer a fuego lento, luego ajuste el tiempo de cocción a 5 minutos y deje que se precaliente.

2. Añadir chalotes, 3 cucharadas de jengibre rallado, 2 cucharadas de ajo picado y 1 cucharada de aceite, cocinar durante 2 minutos, luego sazonar con 1 cucharadita de sal, 1/4 cucharadita de pimienta de Cayena, 1/2 cucharada de azúcar de coco, 3/4 cucharadita de cúrcuma molida, 1 cucharadita y 1 cucharadita de polvo de curry y remover hasta que esté bien combinado.

3. Cocine durante 1 minuto, luego agregue las lentejas, vierta la leche y el agua y revuelva bien.

4. Presione el botón de cancelación, asegure la olla instantánea con su tapa en la posición sellada, luego presione el botón manual, ajusta el tiempo de cocción a 15 minutos, seleccione la cocción a alta presión y deje cocinar hasta que la olla instantánea zumba.

5. La olla instantánea tomará 10 minutos o más para aumentar la presión, y cuando zumbe, presione el botón de cancelación y libere la presión natural durante 10 minutos o más hasta que la perilla de presión caiga.

6. Luego abra cuidadosamente la olla instantánea, revuelva en jugo de limón y espolvoree con cilantro.
7. Servir curry con arroz integral.

nutrición

Calorías: 315

Grasa: 12g

Proteína: 7g

54. Pasta Puttanesca

Tiempo de preparación: 10 minutos

Tiempo de cocción: 11 minutos

Porciones: 4

ingredientes:

- 4 tazas de pasta penne, integral
- 1/2 taza de aceitunas Kalamata, en rodajas
- 1 cucharada de alcaparras
- 4 tazas de salsa de pasta
- 3 tazas de agua

dirección:

1. Encienda la olla instantánea, engrase la olla interior, presione el botón de saltear / cocer a fuego lento, luego ajuste el tiempo de cocción a 5 minutos y deje que se precaliente.
2. Agregue 1 1/2 cucharadita de ajo picado, cocine durante 1 minuto o hasta que esté fragante, luego sazonar con 1 1/2 cucharadita de sal, 1/4 cucharadita de escamas de pimienta roja y 1 cucharadita de pimienta negra molida, agregue los ingredientes restantes y revuelva hasta que se mezcle.
3. Presione el botón de cancelación, asegure la olla instantánea con su tapa en la posición sellada, luego presione el botón manual, ajusta el tiempo de cocción a 5 minutos, seleccione la cocción a alta presión y deje cocinar hasta que la olla instantánea zumba.
4. La olla instantánea tomará 10 minutos o más para aumentar la presión, y cuando zumbe, presione el botón de cancelación y haga una liberación de presión natural durante 5 minutos y luego haga una liberación rápida de la presión hasta que la perilla de presión caiga.
5. Luego abra cuidadosamente la olla instantánea, revuelva la pasta y sirva.

nutrición

Calorías: 504

Grasa: 4g

Proteína: 18g

55. Albóndigas de barbacoa

Tiempo de preparación: 10 minutos

Tiempo de cocción: 10 minutos

Porciones: 4

ingredientes:

- Albóndigas veganas de 2 libras, congeladas
- 1 1/2 tazas de salsa de barbacoa, sin destembrar
- Salsa de arándanos de bayas enteras de lata de 14 onzas
- 1 cucharada de maicena
- 1/4 taza y 1 cucharada de agua

dirección:

1. Encienda la olla instantánea, vierta 1/4 de taza de agua en la olla interior, luego agregue albóndigas y cubra con salsa de barbacoa y salsa de arándanos.
2. Asegure la olla instantánea con su tapa en la posición sellada, luego presione el botón manual, ajuste el tiempo de cocción a 5 minutos, seleccione la cocción a alta presión y deje cocinar hasta que la olla instantánea zumba.
3. La olla instantánea tomará 10 minutos o más para aumentar la presión, y cuando zumbe, presione el botón de cancelación y haga una liberación de presión natural durante 5 minutos, luego haga una liberación rápida de la presión hasta que la perilla de presión caiga.
4. Luego abra cuidadosamente la olla instantánea, revuelva suavemente las albóndigas, batir juntas la maicena y el agua restante hasta que esté suave y agregue a la olla instantánea.
5. Presione el botón de saltear / cocer a fuego lento, ajuste el tiempo de cocción a 5 minutos y cocine hasta que la salsa espese al nivel deseado.
6. Servir de inmediato.

nutrición

Calorías: 232.7

Grasa: 15.2g

Proteína: 7.3g

56. Lentejas descuidadas Joes

Tiempo de preparación: 10 minutos

Tiempo de cocción: 22 minutos

Porciones: 8

ingredientes:

- 1 taza de lentejas marrones, sin cocer
- 1 cebolla blanca pequeña, pelada y cortada en dados
- Tomates triturados de 28 onzas
- 1 1/2 tazas de caldo de verduras
- 2 cucharadas de pasta de tomate

dirección:

1. Encienda la olla instantánea, engrase la olla interior con 1 cucharada de aceite de oliva, presione el botón de salteado / cocer a fuego lento, luego ajuste el tiempo de cocción a 5 minutos y deje que se precaliente.
2. Añadir la cebolla, cocinar durante 2 minutos o hasta que saltee, luego añadir 1 1/2 cucharadita de ajo picado y cocinar durante 2 minutos.
3. Sazonar las cebollas con 1 cucharadita de sal, 1/2 cucharadita de pimienta negra molida, 1 cucharada de chile en polvo, 1 cucharadita de pimentón y 2 cucharaditas de orégano seco, añadir tomates y pasta de tomate, verter 1 1/2 taza de caldo de verduras y remover hasta que se mezcle.
4. Presione el botón de cancelación, asegure la olla instantánea con su tapa en la posición sellada, luego presione el botón manual, ajusta el tiempo de cocción a 12 minutos, seleccione la cocción a alta presión y deje cocinar hasta que la olla instantánea zumbe.

5. La olla instantánea tomará 10 minutos o más para aumentar la presión, y cuando zumbe, presione el botón de cancelación y libere la presión natural durante 10 minutos o más hasta que la perilla de presión caiga.

6. Luego abra cuidadosamente la olla instantánea, revuelva la mezcla de lentejas y sirva con rollos.

nutrición

Calorías: 166

Grasa: 1g

Proteína: 9g

57.   Curry de coco verde

Tiempo de preparación: 10 minutos

Tiempo de cocción: 15 minutos

Porciones: 4

ingredientes:

- 3 patatas medianas, peladas y en cubos
- 2 tazas de flores de coliflor
- 1/2 pimiento rojo en rodajas
- 1 taza de guisantes, congelados

dirección:

1. Encienda la olla instantánea, agregue las papas en la olla interior junto con flores de coliflor y brócoli, pimiento rojo y vierta 1/2 taza de caldo de verduras.

2. Asegure la olla instantánea con su tapa en la posición sellada, luego presione el botón manual, ajuste el tiempo de cocción a 3 minutos, seleccione la cocción a alta presión y deje cocinar hasta que la olla instantánea zumba.

3. La olla instantánea tomará 10 minutos o más para aumentar la presión, y cuando zumbe, presione el botón de cancelación y libere la presión natural durante 10 minutos o más hasta que la perilla de presión caiga.

4. Abra cuidadosamente la olla instantánea, revuelva la mezcla, luego sazonar el curry con 1 cucharadita de sal y 2 cucharadas de pasta de curry verde, vierta 2 tazas de caldo de verduras y 1 taza de leche de coco y revuelva hasta que se mezcle.

5. Presione el botón de sopa, ajuste el tiempo de cocción a 10 minutos y cocine hasta que el curry se caliente a fondo.

6. Servir de inmediato.

nutrición

Calorías: 145.1

Grasa: 6.5g

Proteína: 5.6g

58.   Popurrí de zanahoria de patata

Tiempo de preparación: 10 minutos

Tiempo de cocción: 15 minutos

Porciones: 6

ingredientes:

- 1 cebolla blanca mediana, pelada y cortada en dados
- 4 libras de patatas, peladas y cortadas en trozos del tamaño de un bocado

- 2 libras de zanahorias, peladas y cortadas en dados
- 1 1/2 taza de caldo de verduras
- 2 cucharadas de perejil picado

dirección:

1. Encienda la olla instantánea, engrase la olla interior con 2 cucharadas de aceite de oliva, presione el botón de saltear / cocer a fuego lento, luego ajuste el tiempo de cocción a 5 minutos y deje que se precaliente.
2. Añadir la cebolla, cocinar durante 5 minutos o hasta que saltee, luego añadir las zanahorias y cocinar durante otros 5 minutos.
3. Agregue 1 1/2 cucharadita de ajo picado, luego sazonar con 1 cucharadita de pico de condimento original y 1 cucharadita de condimento italiano, vierta 1 1/2 taza de caldo de verduras y revuelva bien.
4. Presione el botón de cancelación, asegure la olla instantánea con su tapa en la posición sellada, luego presione el botón manual, ajusta el tiempo de cocción a 5 minutos, seleccione la cocción a alta presión y deje cocinar hasta que la olla instantánea zumba.
5. La olla instantánea tomará 10 minutos o más para aumentar la presión, y cuando zumbe, presione el botón de cancelación y libere la presión natural durante 10 minutos o más hasta que la perilla de presión caiga.
6. Luego abra cuidadosamente la olla instantánea, revuelva el popurrí y adorne con perejil.
7. Servir de inmediato.

nutrición

Calorías: 356

Grasa: 6g

Proteína: 9g

59. Jackfruit Curry

Tiempo de preparación: 10 minutos

Tiempo de cocción: 15 minutos

Porciones: 2

ingredientes:

- 1 cebolla blanca pequeña, pelada y picada
- Jackfruit verde de 20 onzas, escurrido
- 1 1/2 tazas de puré de tomate
- 1/2 cucharadita de semillas de comino
- 1/2 cucharadita de semillas de mostaza

dirección:

1. Encienda la olla instantánea, engrase la olla interior con 1 cucharadita de aceite de oliva, presione el botón de saltear / cocer a fuego lento, luego ajuste el tiempo de cocción a 5 minutos y deje que se precaliente.
2. Añadir todas las semillas, cocinar durante 1 minuto o hasta que chisporrotee, a continuación, añadir 2 chiles rojos y cocinar durante 30 segundos.
3. Añadir la cebolla junto con 2 1/2 cucharaditas de ajo picado y 1 1/2 cucharada de jengibre rallado, sazonar con 3/4 cucharadita de sal, 1 cucharadita de cilantro en polvo, 1/2

cucharadita de cúrcuma y 1/4 cucharadita de pimienta negra molida y cocinar durante 5 minutos o hasta que sea translúcida.

4. Verter en 1 taza de agua, remover hasta que se mezcle y pulse el botón de cancelación.

5. Asegure la olla instantánea con su tapa en la posición sellada, luego presione el botón manual, ajuste el tiempo de cocción a 8 minutos, seleccione la cocción a alta presión y deje cocinar hasta que la olla instantánea zumba.

6. La olla instantánea tomará 10 minutos o más para aumentar la presión, y cuando zumbe, presione el botón de cancelación y libere la presión natural durante 10 minutos o más hasta que la perilla de presión caiga.

7. A continuación, abra cuidadosamente la olla instantánea, triturar jackfruits con dos tenedores y despreocer con cilantro.

8. Servir de inmediato.

nutrición

Calorías: 369

Grasa: 3g

Proteína: 4g

60. Curry de patata

Tiempo de preparación: 10 minutos

Tiempo de cocción: 36 minutos

Porciones: 5

ingredientes:

- 5 tazas de patatas bebé cortadas en trozos grandes
- 2 tazas de judías verdes cortadas en trozos del tamaño de un bocado
- 1 cebolla blanca mediana, pelada y picada
- 2 tazas de agua
- 1 2/3 tazas de leche de coco

dirección:

1. Encienda la olla instantánea, engrase la olla interior con 1 cucharada de aceite de oliva, presione el botón de salteado / cocer a fuego lento, luego ajuste el tiempo de cocción a 5 minutos y deje que se precaliente.

2. Añadir la cebolla, cocinar durante 5 minutos, añadir el ajo, cocinar durante 1 minuto, a continuación, añadir las patatas, 2 cucharadas de ajo picado, sazonar con 2 cucharaditas de sal, 1 cucharadita de pimienta negra, 1 cucharada de azúcar, 1 cucharadita de chile rojo escamas y 2 cucharadas de curry en polvo, verter en 2 tazas de agua y 1 2/3 taza de leche y remover bien.

3. Presione el botón de cancelación, asegure la olla instantánea con su tapa en la posición sellada, luego presione el botón manual, ajusta el tiempo de cocción a 20 minutos, seleccione la cocción a alta presión y deje cocinar hasta que la olla instantánea zumba.

4. La olla instantánea tomará 10 minutos o más para aumentar la presión, y cuando zumbe, presione el botón de cancelación y libere la presión natural

durante 10 minutos o más hasta que la perilla de presión caiga.

5. Luego abra cuidadosamente la olla instantánea, revuelva la mezcla, revuelva el polvo de arrurruz y 4 cucharadas de agua hasta que se combinen, agregue en la olla instantánea y revuelva hasta que se combine.

6. Agregue los frijoles, revuelva bien, presione el botón de saltear / cocer a fuego lento, luego ajuste el tiempo de cocción a 5 minutos y hasta que los frijoles estén tiernos y la salsa alcance la consistencia deseada.

7. Servir inmediatamente.

nutrición

Calorías: 258

Grasa: 5g

Proteína: 7g

61. Galletas de miel escamosa

Tiempo de preparación: 15 minutos

Tiempo de cocción: 10 minutos

Sirviendo: 6

ingredientes

- 3 tazas de harina auto-ascendente
- 1 cucharadita de sal kosher
- 7 cucharadas de mantequilla vegana refrigerada sin sal, cortada en palmaditas de 1 cucharada
- 1/4 taza de miel
- 1 taza de suero de mantequilla

dirección

1. Precaliente el horno a 425°F. Forrce una hoja de hornear con papel de pergamino.

2. Coloque las palmaditas de harina, sal y mantequilla en el tazón de un procesador de alimentos. Pulse hasta que los trozos de mantequilla sean del tamaño de guisantes. Alternativamente, use una licuadora de pastelería para mezclar la mantequilla en la harina. Transferir la mezcla a un bol grande.

3. Usando cuchara grande para formar un pozo en el medio de la harina, y verter la miel y el suero de mantequilla en el pozo de una sola vez. Use una cuchara para doblar la harina en el suero de mantequilla y revuelva suavemente hasta que la mezcla se una para formar una masa.

4. Enharinar ligeramente su encimera limpia o un espacio de trabajo plano comparable. Derrame la masa y los trozos de harina sueltos sobre la superficie enharinada. Enrolle la masa a aproximadamente un espesor de 1 pulgada. Arrugar la masa en tercios, como un sobre de negocios, y rodar de nuevo a un espesor de 1 pulgada.

5. Estampe las galletas usando un cortador de galletas o vidrio redondo, y coloque en la hoja de hornear a aproximadamente 1 pulgada de distancia.

6. Hornear durante 9 minutos. Servir caliente.

nutrición

Calorías: 97

Grasa total: 3g

Proteína: 2g

62. Chips de manzana al curry

Tiempo de preparación: 15 minutos

Tiempo de cocción: 90 minutos

Porción: 5

ingredientes

- 1 cucharada de zumo de limón recién exprimido
- 1/2 taza de agua
- 2 manzanas, como Fuji o Honey crujientes, con núcleo y finamente cortadas en anillos
- 1 cucharadita de polvo de curry

dirección

1. Precaliente el horno a 200°F. Prep hoja de hornear bordeada con papel de pergamino.
2. Mezcle el jugo de limón y el agua juntos en un tazón mediano. Tan pronto como las manzanas se rebanan, añádalas al bol para remojarlas durante 2 minutos. Escurrir y secar con toallas de papel. Déjalo salir en una sola capa en la hoja de hornear.
3. Coloque el polvo de curry en un tamiz u otro tamiz y desempolve ligeramente las rodajas de manzana.
4. Hornear durante 45 minutos. Después de 45 minutos, gire las rodajas y hornee durante otros 45 minutos, de nuevo sin abrir el horno.
5. Para la textura más crujiente, deje que las patatas fritas se enfríen antes de

comer, pero son bastante fabulosas ligeramente calientes.

nutrición:

Calorías: 61

Grasa total: 0.1g

Proteína: 0.2g

63. Cheddar y brócoli–Boniatos rellenos

Tiempo de preparación: 15 minutos

Tiempo de cocción: 75 minutos

Porción: 4

ingredientes

- 2 boniatos medianos
- 1 taza de flores de brócoli, picado
- 2 cucharadas de cebolletas finamente cortadas
- 1 (15 onzas) puede frijoles negros
- 1/2 taza de queso Cheddar no lácteo rallado, dividido

dirección

1. Precaliente el horno a 400°F.
2. Pinchar las batatas por todas partes usando un tenedor. Colocar en una hoja de hornear y hornear durante 45 a 50 minutos, o hasta que la horquilla de la licitación. Deje el horno encendido.
3. Reducir a la mitad las batatas longitudinalmente y dejar enfriar ligeramente. Saque la carne de las patatas en un recipiente pequeño, dejando al menos un borde de 1/4 de

pulgada alrededor de las pieles de las patatas.

4. Coloque un inserto de vapor en una olla pequeña junto con 2 pulgadas de agua y llevar a ebullición. Remover en el brócoli a la olla, cubrir, y cocer al vapor hasta que esté tierno, unos 5 minutos.

5. Agregue el brócoli al vapor, las cebolletas, los frijoles negros y la mantequilla al tazón con la carne de batata sacada. Remover para combinar y derretir la mantequilla. Revuelva en 1/4 taza de queso, seguido de la sal y la pimienta.

6. Llene las pieles de patata con la mezcla de batata y tapa con la taza restante de 1/4 de queso. Reduzca la temperatura del horno a 350 ° F. Coloque las batatas rellenas en la hoja de hornear y hornear durante 15 minutos.

nutrición

Calorías: 295

Grasa: 8g

Proteína: 12g

64. Setas caramelizadas sobre Polenta

Tiempo de preparación: 10 minutos

Tiempo de cocción: 20 minutos

Porción: 2

ingredientes

- 1/2 (18 onzas) tubo de polenta cocida
- 1 cebolla amarilla, finamente cortada en dados
- 8 onzas cremini o setas blancas
- 2 cucharadas de tamari o salsa de soja baja en sodio
- 2 cucharadas de crema pesada (batido)
- 1 golpe mantequilla vegana

dirección

1. Precaliente el horno a 200°F.
2. Corte la polenta en 6 (1 pulgada) rebanadas.
3. Cocine 1 cucharada de mantequilla en una sartén mediana a fuego medio-alto. Añadir las rodajas de polenta y cocinar durante 3 a 4 minutos, o hasta que estén doradas. Voltear y cocinar durante otros 3 minutos. Situar a una hoja de hornear, y poner en el horno para mantener caliente.
4. En la misma sartén, derretir 2 cucharadas de mantequilla a fuego medio. Añadir la cebolla, las setas y la sal, y saltear hasta que las verduras comiencen a caramelizarse, unos 20 minutos. Mueva la mezcla de hongos de vez en cuando mientras se cocina, pero no demasiado. Las setas desprenden mucho líquido, así que asegúrese de seguir cocinando hasta que la sartén esté bastante seca y la cebolla y las setas comiencen a crujir.
5. Usando una cuchara de madera, remover en las 2 cucharadas restantes de mantequilla, seguido de la tamari y la crema. Cocine hasta que se forme una salsa ligeramente espesada, unos 2 minutos.

6. Dividir las rodajas de polenta entre dos cuencos poco profundos y tapar con las setas. Servir caliente.

nutrición

Calorías: 542

Grasa: 35g

Proteína: 12g

65. Ajo y espagueti parmesano calabaza

Tiempo de preparación: 10 minutos

Tiempo de cocción: 75 minutos

Porción: 4

ingredientes

- 1 (2 a 3 libras) calabaza de espagueti
- 2 cucharadas de mantequilla sin sal
- 2 cucharadas picadas de perejil italiano fresco picado
- 1/3 taza de queso vegano rallado
- 1/4 taza de semillas de calabaza tostadas o compradas en la tienda

dirección

1. Precaliente el horno a 375°F.
2. Pinche la calabaza varias veces con un cuchillo para permitir que el vapor escape durante la cocción. Poner en una hoja de hornear y asar durante 1 hora, o hasta que la calabaza se puede perforar fácilmente con un cuchillo afilado. Dejar enfriar durante 10 minutos antes de manipular.
3. Picar la calabaza por la mitad longitudinalmente y luego raspar las semillas con una cuchara. Usando los dientes de un tenedor, raspe suavemente la carne para crear largas hebras de "pasta". Si la carne todavía es un poco dura, simplemente devuelva la calabaza a la hoja de hornear, corte hacia abajo y hornee hasta que la carne esté tierna. Raspe todas las hebras de pasta en un tazón mediano.
4. Cocine la mantequilla en una sartén grande a fuego medio. Añadir 4 dientes de ajo y saltear hasta que estén fragantes, unos 2 minutos. Agregue el perejil, el queso, la sal, la pimienta y la calabaza de espagueti. Tire cuidadosamente a la capa. Cocine durante 1 a 2 minutos más.
5. Situar a un plato de servir y rematar con las semillas de calabaza.

nutrición

Calorías: 225

Grasa: 12g

Proteína: 8g

66. Ensalada de patata de lentejas

Tiempo de preparación: 10 minutos

Tiempo de cocción: 25 minutos

Porción: 2

ingredientes

- 1/2 taza de lentejas beluga
- 8 patatas alevadas
- 1 taza de cebolletas en rodajas finas
- 1/4 taza de tomates cherry a la mitad
- 1/4 taza de vinagreta de limón

dirección

1. Cocine a fuego lento 2 tazas de agua en una olla pequeña y agregue las lentejas. Cubrir y cocer a fuego lento durante 24 minutos. Escurrir y apartar para enfriar.
2. Mientras las lentejas se están cocinando, obtenga una olla mediana de agua bien salada a ebullición y agregue las papas. Disminuya el calor a fuego lento y luego cocine durante unos 15 minutos. drenar. Una vez enfriado lo suficiente como para manipular, cortar o reducir a la mitad las patatas.
3. Coloque las lentejas en un plato de servir y rematar con las patatas, cebolletas y tomates. Llovizna con la vinagreta y sazona con la sal y la pimienta.

nutrición

Calorías: 400

Grasa: 26g

Proteína: 7g

67. Ensalada de cereales calientes con mantequilla de miso

Tiempo de preparación: 15 minutos

Tiempo de cocción: 30 minutos

Porción: 4

ingredientes

- 2 1/2 tazas de agua o caldo de verduras
- 1 taza de faro sin cocer semiperla o 3 tazas cocidas
- Judías verdes de 1 libra
- 2 tazas de tomates cherry reducidos a la mitad
- 1/4 taza de Mantequilla Miso, a temperatura ambiente

dirección

1. Precalentar el horno a 400°F
2. Hervir el caldo en una olla pequeña a fuego medio-alto. Añadir el faro y 1/2 cucharadita de sal. Disminuir el fuego a fuego lento, cubrir y luego cocinar durante 30 minutos, o hasta al dente. (Si usa faro cocinado, omita este paso).
3. Coloque las judías verdes, los tomates y 1 cuña pequeña de cebolla en una hoja de hornear bordeada. Gotear el aceite de oliva y luego lanzo a la capa. Untar en una sola capa y espolvorear uniformemente con la pimienta negra y restante 1/2 cucharadita de sal. Asar hasta que las habas y cebollas estén tiernas y muy ligeramente crujientes, unos 15 minutos.
4. Cuando las verduras estén asadas, échelas con el faro y la mantequilla de miso justo en la sartén. El calor de la sartén y las verduras derretirán la mantequilla.
5. Servir caliente.

nutrición

Calorías: 182

Grasa: 9g

Proteína: 6g

68. Tostadas de aguacate con hummus

Tiempo de preparación: 5 minutos

Tiempo de cocción: 0 minutos

Porciones: 1

ingredientes

- 2 rebanadas de pan
- 2 cucharadas de hummus de ajo
- 1/2 aguacate, cortado en rodajas
- 3 rodajas de cebolla roja
- 2 cucharadas de semillas de cáñamo

dirección

1. Untar 1 Tbsps. hummus en cada rebanada de pan.
2. Ponga el aguacate en rodajas, la cebolla roja y las semillas de cáñamo en cada rebanada de pan.
3. Tapa con cilantro.

nutrición

Grasa: 23 g

Proteína: 18 g

Calorías: 462

69.   Mezcla de Buda

Tiempo de preparación: 10 minutos

Tiempo de cocción: 20 minutos

Porciones: 2

ingredientes:

- 1/2 taza de granos crudos (arroz, cebada, mijo, etc.)
- 3 tazas de hoja verde (espinacas, col rizada, repollo, brócoli, pimiento, etc.)
- 1 taza de legumbres cocidas (frijoles, garbanzos, guisantes, edamame, etc.)

dirección

1. Cocine sus granos.
2. Picar los greens.
3. Hacer un aderezo sabroso.
4. Combina todos tus ingredientes y mézclalos bien.

nutrición

Grasa: 22 g

Proteína: 22 g

Calorías: 600

70.   Pasta de maíz con mantequilla marrón

Tiempo de preparación: 5 minutos

Tiempo de cocción: 10 minutos

Porciones: 6

ingredientes:

- 2 tazas de granos de maíz dulce
- 1 taza de pasta campanil
- 6 cucharadas de mantequilla
- 1 taza de queso parmesano no lácteo, rallado
- 1/4 taza de hojas de albahaca frescas empacadas

dirección

1. Cocine la pasta. Escurrirlo y ponerlo a un lado.
2. En una cacerola, derretir la mantequilla y cocinarla durante unos 2-4 minutos. Añadir el maíz y 1/4 cucharadita de sal y pimienta. Cocine durante 2 minutos y luego reserve.

3. Combinar la pasta con la mezcla de maíz. Agregue albahaca, parmesano y sal. Revuelva a fondo.

nutrición:

Grasa: 40,4 g

Proteína: 14 g

Calorías: 495

71. Simple Merienda de Pan de Ajo

Tiempo de preparación: 10 minutos

Tiempo de cocción: 10 minutos

Porciones: 2

ingredientes:

- 1 pan largo estilo baguette
- 1/4 taza de mantequilla sin sal, ablandada
- 3 dientes de ajo picados
- 1 cucharada de perejil fresco, picado
- 1/2 taza de queso parmesano no lácteo, rallado

dirección

1. En un tazón separado, mezcle la mantequilla, el ajo picado, el queso parmesano no lácteo y el perejil.
2. Parta el pan por la mitad y unta la mezcla de mantequilla sobre cada pieza.
3. Situar en el horno precalentado a 190°C.
4. Hornear durante 10 minutos.

nutrición:

Grasa: 45 g

Proteína: 9 g

Calorías: 596

72. Patatas fritas

Tiempo de preparación: 10 minutos

Tiempo de cocción: 30 minutos

Porciones: 4

ingredientes:

- 4 patatas, finamente cortadas en rodajas
- 3 cucharadas de aceite de oliva
- Spray de cocina de aceite vegetal
- Sal y pimienta, al gusto

dirección

1. Ponga las rodajas de patata en un bol. Espolvorearlos con aceite de oliva. Añadir sal y pimienta. Homogeneizar.
2. Cubra su hoja de hornear con aerosol de cocción y coloque las rodajas de papa sobre ella.
3. Ponga sus rodajas de patata en el horno ya precalentadas a 190 °C.
4. Hornear durante unos 30 minutos.

nutrición:

Grasa: 7 g

Proteína: 2 g

Calorías: 143

73. Pimientos y Hummus

Tiempo de preparación: 25 minutos

Tiempo de cocción: 10 minutos

Porciones: 2

ingredientes:

- 1/2 taza de pimientos rojos, asados
- 1/3 taza de jugo de limón; tahina
- 1/4 cucharadita de albahaca picada
- 2 dientes de ajo picados
- 1 lata garbanzo frijoles, escurrido

dirección

1. Usando un procesador de alimentos eléctrico, mezcle el ajo, los frijoles garbanzos, el tahini y el jugo de limón. Mezclar hasta que quede suave. Añadir los pimientos asados y continuar el procesamiento durante unos 30 segundos.
2. Añadir sal y pimienta.
3. Cubrir con albahaca picada y servir.

nutrición:

Grasa: 26,9 g

Proteína: 15,9 g

Calorías: 445

74. Crujiente Edamame asado

Tiempo de preparación: 5 minutos

Tiempo de cocción: 20 minutos

Porciones: 6

ingredientes:

- 1 paquete de edamame, congelado en sus vainas
- 2 cucharadas de aceite de oliva virgen extra
- 2 dientes de ajo picados
- 1 cucharadita de sal marina
- 1/2 cucharadita de pimienta negra molida

dirección

1. En un tazón separado, rocíe el edamame con sal marina, pimienta negra y aceite de oliva. Remover bien y extender en una hoja de hornear.
2. Cocine en el horno precalentado a horno de 190 °C durante unos 20 minutos.

nutrición:

Grasa: 8,4 g

Proteína: 7,4 g

Calorías: 126

75. Semillas de calabaza tostadas

Tiempo de preparación: 10 minutos

Tiempo de cocción: 25 minutos

Porciones: 6

ingredientes:

- 11/2 tazas de semillas de calabaza
- 2 cucharaditas de mantequilla sin sal, derretida
- 1 pizca de sal

dirección

1. Revuelva las semillas de calabaza, la mantequilla derretida y la sal juntas.
2. Coloque las semillas de calabaza en una hoja de hornear. Sigue revolviendo hasta que estén dorados. Cocine durante unos 25 minutos.

nutrición:

Grasa: 9 g

Proteína: 5 g

Calorías: 105

76.   Sándwich de queso a la parrilla

Tiempo de preparación: 5 minutos

Tiempo de cocción: 15 minutos

Porciones: 2

ingredientes:

- 4 rebanadas de pan blanco
- 5 cucharadas de mantequilla sin sal, ablandadas y divididas
- 2 rodajas de queso Cheddar no lácteo

dirección

1. Poner 1 cucharada de mantequilla en una sartén y calentarla.
2. Obtenga dos rebanadas de pan con mantequilla y colótelas en la sartén.
3. Cubrir las dos rebanadas de pan con queso y rematarlas con el pan restante. Asar hasta que estén ligeramente marrones y el queso se derrita.

nutrición:

Grasa: 28,3 g

Proteína: 11.1 g

Calorías: 400

77.   Sándwich de queso no lácteo

Tiempo de preparación: 5 minutos

Tiempo de cocción: 5 minutos

Porciones: 1

ingredientes:

- 1 1/2 cucharadita de mantequilla sin sal, ablandada
- 2 rebanadas de pan de trigo integral
- 2 cucharadas de queso vegano, desmenuzado
- 2 rodajas de queso Cheddar no lácteo
- 1 cucharada de cebolla roja picada

dirección

1. Tome una rebanada de pan sin mantequilla y una capa de queso vegano, queso Cheddar no lácteo, 1/4 de rodajas de tomate y cebolla roja.
2. Obtenga una rebanada de pan con mantequilla y colómela en la rebanada de pan en capas.
3. Freír el sándwich durante unos 2 minutos por cada lado hasta que esté dorado.

nutrición:

Grasa: 30,9 g

Proteína: 24,6 g

Calorías: 482

78.   Linguine con setas

Tiempo de preparación: 10 minutos

Tiempo de cocción: 10 minutos

Porciones: 6

ingredientes:

- Linguine de 1 lb
- 6 cucharadas de aceite de oliva
- 12 onzas de setas mixtas, cortadas en rodajas
- 1/4 taza de levadura nutricional
- 2 cebollas verdes, en rodajas

dirección

1. Cocine linguine de acuerdo con las instrucciones del paquete. Reserve 3/4 del agua de cocción linguine. Escurrir el linguine y ponerlo a un lado.
2. Añadir las setas en rodajas y 3 dientes de ajo a la sartén y freír durante 5 minutos hasta que se doren.
3. Poner las setas en el linguine. Agregue la levadura nutricional, el agua reservada, la sal y la pimienta. Remover bien y servir.

nutrición:

Grasa: 15 g

Proteína: 15 g

Calorías: 430

79.   Huevos horneados con hierbas

Tiempo de preparación: 5 minutos

Tiempo de cocción: 10 minutos

Porciones: 2

ingredientes:

- 4 huevos veganos
- 100g de espinacas bebé, picadas
- 1 taza de crema doble
- Pesto fresco de 4 cucharadas
- 1 cucharada de queso vegano, rallado

dirección

1. Mezclar el pesto, las espinacas, la crema, la sal y la pimienta. Divida esta mezcla en 2 platos separados. Tapa ambos con el queso.
2. Hacer dos huecos en cada plato y romper un huevo en cada hueco.

3. Colocar en el horno (precalentado hasta 180°C) y cocinar durante 10 minutos.

nutrición:

Grasa: 54 g

Proteína: 19 g

Calorías: 579

80.   Panqueques de harina de garbanzo verde

Tiempo de preparación: 5 minutos

Tiempo de cocción: 5 minutos

Porciones: 4

ingredientes:

- 1 taza de harina de garbanzos
- 1 taza de agua
- 3 cebollas de primavera, picadas
- 1 cucharadita. cúrcuma
- 1 cucharada de aceite de oliva

dirección

1. Usando una licuadora, mezcle el agua, la harina de garbanzos, la cúrcuma, la sal y la pimienta. Añadir las cebollas picadas y calentar el aceite en la sartén.
2. Vierta la mezcla de garbanzos en la sartén y cocine durante 3 minutos.

nutrición:

Grasa: 10,1 g

Proteína: 10.1 g

Calorías: 253

81.   Estudiante Tortilla de tomate

Tiempo de preparación: 2 minutos

Tiempo de cocción: 8 minutos

Porciones: 1

ingredientes:

- 2 huevos veganos
- 2 cucharadas de aceite de oliva
- 1/2 taza de tomates cherry, picados
- 1/2 taza de albahaca, fresca o seca
- 1/4 taza de queso vegano, rallado

dirección

1. Calentar 1 cucharada de aceite en la sartén y cocinar los tomates picados durante 2 minutos. Dejenlos a un lado.
2. Ponga los huevos batidos en un tazón separado. Añadir sal y pimienta. Batir bien.
3. Cocine el aceite restante en la sartén y ponga la mezcla de huevos en ella. Freírlo durante unos 2 minutos. Luego agregue los tomates, la albahaca y el queso.

nutrición:

Grasa: 25,3 g

Proteína: 20.2g

Calorías: 342

82.   Risotto de puerro de queso crema

Tiempo de preparación: 5 minutos

Tiempo de cocción: 30 minutos

Porciones: 3

ingredientes:

- 1 taza de arroz risotto; Guisantes
- 3-4 tazas de caldo de verduras
- 1 puerro, cebolla
- 3/4 taza de queso crema vegano
- 3 cucharadas de salsa de soja

dirección

1. Freír el puerro y la cebolla en la sartén en aceite de oliva durante 5 minutos. Añadir el arroz risotto y cocinar durante 2 minutos más.
2. Vierta 3/4 caldos de verduras en la sartén y cocine durante 20 minutos.
3. Mezcle los guisantes congelados, la crema, el queso crema y la salsa de soja. Remover bien y cocinar durante 5 minutos.
4. Espolvorear sal y pimienta y luego servir.

nutrición:

Grasa: 63 g

Proteína: 17 g

Calorías: 977

83.   Brócoli Pesto Fusilli

Tiempo de preparación: 10 minutos

Tiempo de cocción: 5 minutos

Porciones: 4

ingredientes:

- Pasta fusilli de 12 onzas
- 12 onzas de flores de brócoli, congelados
- 1 cucharada de ralladura de limón, rallado
- 1/2 taza de almendras; Agua

- 1/4 taza de queso parmesano no lácteo, rallado

dirección

1. Cocine la pasta fusilli siguiendo las instrucciones del paquete. Reserve 1/2 taza de pasta de agua para cocinar. Escurrir la pasta fusilli y dejarla a un lado.
2. Mezcle el brócoli, 2 dientes de ajo picados y 1/2 taza de agua en un tazón. Calentar en el microondas durante 5 minutos. Agregue 1/2 taza de albahaca, sal, aceite y ralladura de limón. Utilizando un procesador de alimentos mezclar esta mezcla hasta que esté suave.
3. Combine la pasta con el pesto y vierta en la taza de 1/2 taza de líquido de cocción reservado. Tapa con almendras y parmesano.

nutrición:

Grasa: 26 g

Proteína: 19 g

Calorías: 427

84. Fideos con zanahoria y sésamo

Tiempo de preparación: 10 minutos

Tiempo de cocción: 10 minutos

Porciones: 2

ingredientes:

- Fideos de 9 onzas
- 1 zanahoria; jengibre del pulgar; ají
- 3 cebollas de primavera, picadas
- 2 cucharadas de salsa de soja; salsa picante

- 2 huevos veganos

dirección

1. Hervir fideos de acuerdo con las instrucciones del paquete.
2. Ponga las zanahorias, el jengibre, 1 ajo, las cebollas de primavera y el chile en la sartén. Freír durante 3-4 minutos. Revuelva suavemente al freír.
3. Batir los huevos y removerlos.
4. Vierta la mezcla de huevos en la sartén. Mezcle cuidadosamente y luego cocine durante 2 minutos más.
5. Remover en sal y salsas.
6. Rematar los fideos con 4 cucharadas de semillas de sésamo y servir.

nutrición:

Grasa: 6,5 g

Proteína: 26 g

Calorías: 545

85. Tofu marinado con cacahuetes

Tiempo de preparación: 20 minutos

Tiempo de cocción: 30 minutos

Porciones: 4

ingredientes:

- 2 paquetes de 14 onzas de tofu firme, escurridos y cortados en rodajas
- 2 cucharaditas de jengibre; aceite vegetal
- 2 tazas de brotes de frijoles, divididos
- 6 cebolletas, cortadas en rodajas
- 1/2 taza de cacahuetes; salsa de soja

dirección

1. En un bol separado, mezclar el 1 jalapeño, salsa de soja, 2 cucharadas de azúcar moreno y jengibre. Vierta esta mezcla sobre el tofu y reserve durante 30 minutos.
2. Freír el frijol brota en una sartén durante 3 minutos. Añadir sal y todos los ingredientes restantes, incluyendo el tofu marinado.
3. Servir con hojas de menta.

nutrición:

Grasa: 25 g

Proteína: 32 g

Calorías: 400

86. Sushi con mantequilla de maní y jalea

Tiempo de preparación: 10 minutos

Tiempo de cocción: 0 minutos

Porciones: 1

ingredientes:

- 2 cucharadas de mantequilla de cacahuete lisa
- 2 rebanadas de pan
- Jalea de 2 cucharadas

dirección:

1. Cortar la corteza del pan.
2. Aplasta el pan con la ayuda de una lata de sopa grande.
3. Untar 1 cucharada de jalea y 1 cucharada de mantequilla de cacahuete en cada rebanada de pan.

4. Enrollar la rebanada y dividir en 4 piezas.

nutrición:

Grasa: 17 g

Proteína: 10 g

Calorías: 350

87. Muffins de coco

Tiempo de preparación: 15 minutos

Tiempo de cocción: 30 minutos

Porciones: 6

ingredientes:

- 2 1/2 tazas de leche de coco
- 1 1/4 taza de harina de almendras
- 2 tazas de coco rallado
- 1 cucharadita de sal

dirección

1. Añadir todos los ingredientes a un bol separado y remover hasta que la mezcla se vuelva suave.
2. Añadir la masa a las tazas de muffin y ponerlas en el horno (precalentadas a 180°C). Cocine durante unos 30 minutos hasta que esté dorado en la parte superior.

nutrición:

Grasa: 25 g

Proteína: 5 g

Calorías: 261

88.   Ñoquis de calabaza de mantequilla

Tiempo de preparación: 30 minutos

Tiempo de cocción: 40 minutos

Porción: 4

ingredientes

- 1/2 calabaza de mantequilla, sembrada, pelada y en dados
- 3 dientes de ajo
- 1 taza de caldo de verduras
- 3 tazas de ñoquis, frescos
- 1/4 taza de albahaca

dirección

1. Cortar una calabaza de mantequilla por la mitad y pelar y picar la mitad. No importa mucho de qué tamaño corte las piezas o si son o no uniformes.
2. Agregue la calabaza de mantequilla a una olla grande a fuego medio con aceite de oliva o una cucharada de mantequilla vegana. Dejar que se cocine lentamente, al descubierto, hasta que esté muy tierno (unos 30 minutos). Cuanto más lento cocines la calabaza, más caramelizada y deliciosa se volverá.
3. Una vez que la calabaza esté lo suficientemente cremosa, añadimos el caldo de verduras y los ñoquis.
4. Hervir, luego reducir a fuego lento. Cocine durante unos dos minutos, removiendo con frecuencia. A medida que revuelve, su calabaza de mantequilla debe descomponerse, creando una salsa cremosa con los ñoquis.
5. Agregue la albahaca y la mantequilla vegana o el parmesano si lo desea, y revuelva juntos.
6. Retirar del fuego una vez cocidos los ñoquis (unos 2-4 minutos en total). Tenga cuidado de no cocer en exceso.
7. Servir con un polvo de parmesano vegano, sal o algunas hojas de albahaca frescas.

nutrición

Calorías: 407

Grasa: 11g

Proteína: 9g

89.   No Cocina Quesadilla

Tiempo de preparación: 5 minutos

Tiempo de cocción: 0 minutos

Porción: 2

ingredientes

- 1 aguacate
- 1 taza de Queso vegano
- 1/4 de cebolla roja, en dados
- 2 tortillas
- 1 taza de salsa fresca

dirección

1. Microondas las tortillas durante aproximadamente un minuto.
2. Mientras tanto, cortar el aguacate por la mitad y cortar las cebollas.
3. Unta las tortillas con tanto aguacate y queso como quieras y espolvorea con cebolla. Dobla las tortillas cerradas cuando hayas terminado.
4. Servir con salsa para mojar y unas cuñas de lima, si se desea.

nutrición

Calorías: 340

Grasa: 42g

Proteína: 17g

90.   Sándwich de barbacoa

Tiempo de preparación: 5 minutos

Tiempo de cocción: 15 minutos

Porción: 2

ingredientes

- 1 bloque de tofu
- 1 taza de garbanzos, enlatados, enjuagados
- 1/2 taza de salsa vegana BBQ
- 2 bollos
- 1 zanahoria, triturada

dirección

1. Desmenuza el tofu en pedazos. Si prefieres un tofu más suave, haz piezas más grandes. Si te gusta el tofu crujiente, rompe el tofu en trozos más pequeños.

2. Freír el tofu en una sartén con aceite de oliva hasta que alcance la consistencia deseada.
3. Añadir los garbanzos a la sartén y dejar que se calienten durante unos minutos.
4. Añadir la salsa de barbacoa a la sartén con el tofu y los garbanzos. Remover hasta que esté uniformemente recubierto y caliente, y luego retirar del fuego.
5. Cargar los bollos con la mezcla y tapar con zanahoria triturada.

nutrición

Calorías: 592

Grasa: 17g

Proteína: 35g

91.   Harina de sartén de garbanzos de coliflor

Tiempo de preparación: 15 minutos

Tiempo de cocción: 35 minutos

Porción: 2

ingredientes

- 1 cabeza de coliflor
- 1 cabeza de ajo
- 1 taza de garbanzos, enlatados
- 1/4 taza tahini
- 1 limón, exprimido

dirección

1. Picar la coliflor y rociar con aceite de oliva.

2. Cortar la parte superior de la cabeza de ajo, dejando los dientes expuestos. Espolvorear con aceite de oliva y sal.

3. Coloque el ajo y la coliflor en una sartén grande y hornee a 350 ° F durante unos 35 minutos, hasta que la coliflor se haya vuelto suave y asada.

4. Sacar del horno y dejar enfriar durante 5 minutos.

5. Exprimir el ajo y tirar la piel. Mezclar el tahini, el zumo de limón, los garbanzos y la sal con la coliflor y el ajo.

6. Servir caliente solo o con tortillas y guacamole.

nutrición

Calorías: 443

Grasa: 25g

Proteína: 17g

92. Quesadilla mediterránea

Tiempo de preparación: 10 minutos

Tiempo de cocción: 35 minutos

Porción: 2

ingredientes

- 1/4 taza de hummus de ajo
- 1 berenjena asada, cortada en rodajas
- 1 pimiento rojo asado, en rodajas
- 2 tortillas
- Tomates cherry descuartizados

dirección

1. Espolvorear las rodajas de berenjena con aceite de oliva, espolvorear con sal y colocar en una bandeja de hornear.

2. Cortar en rodajas el pimiento rojo y añadirlo a la bandeja de hornear. Asar las verduras juntas a 400 ° F durante unos 30 minutos, volteando la berenjena a mitad de camino.

3. Mientras las verduras se están enfriando, calienta las tortillas en el microondas durante aproximadamente un minuto.

4. Untar unas dos cucharadas de hummus de ajo sobre las tortillas. Añadir las rodajas de berenjena asada y pimiento rojo. Rocíe con aceite de oliva si lo desea. Echa unos tomates cherry y cualquier otro extra que quieras.

nutrición

Calorías: 217

Grasa: 5g

Proteína: 8g

93. Nachos de coliflor

Tiempo de preparación: 15 minutos

Tiempo de cocción: 30 minutos

Sirviendo 2

ingredientes

- 1 cabeza de coliflor
- 1 taza de queso cheddar vegano
- 1 frijoles negros de lata de 14.5 onzas, enjuagados y escurridos
- 1/2 taza de salsa
- 1/2 taza de guacamole

dirección

1. Picar la coliflor en floretes, rociar con aceite de oliva (sin necesidad de

exagerar) y asar a 400 ° F durante unos 25 minutos. Quieres que la coliflor esté ligeramente dorada.

2. Saca la sartén del horno y cubre la coliflor con queso vegano y judías negras. Situar de nuevo en el horno hasta que el queso se derrite.

3. Servir con salsa y guacamole para mojar.

nutrición

Calorías: 276

Grasa: 6g

Proteína: 15g

94. Simple Pasta

Tiempo de preparación: 15 minutos

Tiempo de cocción: 30 minutos

Porción: 2

ingredientes

- 3/4 taza de vino blanco seco (Sauvignon Blanc es una buena opción; evite el Chardonnay)
- 6 onzas de espagueti
- 1/4 taza de parmesano vegano (o levadura nutricional)
- 4 dientes de ajo picados
- 1 1/2 tazas de caldo de verduras

dirección

1. Usando olla grande, cocine el aceite de oliva y agregue el ajo picado.

2. Cuando el ajo se haya vuelto fragante, vierta caldo de verduras, vino y espaguetis.

3. Cocine hasta que la pasta esté lista. Sólo debe tomar unos 10 minutos.

Usted debe cocinar esta pasta como usted cocinaría risotto. El líquido debe absorberse todo, y no tendrá que drenar la pasta.

4. Si desea hacer esta receta sin gluten, opte por espaguetis sin gluten en lugar de fideos de calabacín. Los fideos de calabacín no serán tan cremosos como los espaguetis.

5. Una vez que la pasta esté lista, añadir un poco de parmesano vegano y remover mientras aún está caliente. Esto absorberá el exceso de líquido y ayudará a crear una textura más cremosa.

nutrición

Calorías: 623

Grasa: 22g

Proteína: 17g

95. Tofu dulce y salado

Tiempo de preparación: 15 minutos

Tiempo de cocción: 30 minutos

Porción: 4

ingredientes

- 1 bloque de tofu, extra firme
- 1/2 taza de sidra de manzana
- 3 cucharadas de jarabe de arce
- 1 cucharadita de mostaza
- 1 cucharadita de vinagre de sidra de manzana

dirección

1. Cortar el tofu longitudinalmente al grosor deseado. Para sándwiches y hamburguesas, ir por

aproximadamente media pulgada de espesor.

2. En un tazón separado, mezcle vinagre de sidra de manzana, sidra de manzana, jarabe de arce y mostaza.

3. Sumerja el tofu en la mezcla, asegurándose de que ambos lados estén recubiertos uniformemente. Reserve parte de la mezcla.

4. Hornear a 400°F durante 30 minutos. A medida que el tofu se hornea, es posible que deba cepillarlo con más de la mezcla líquida.

5. Servir caliente o frío, con grano, solo, o en una ensalada. Espolvorear con sal y pimienta al gusto.

nutrición

Calorías: 262

Grasa: 16g

Proteína: 15g

96. Una olla de calabaza curry

Tiempo de preparación: 15 minutos

Tiempo de cocción: 30 minutos

Porción: 4

ingredientes

- 1 1/2 tazas de calabaza, peladas y en cubos
- 1 lata de leche de coco
- 2 latas de garbanzos, enjuagados y escurridos
- 1/4 taza de polvo de curry
- 1 taza de coliflor

dirección

1. Revuelva en calabaza picada y coliflor a una olla con leche de coco, curry en polvo y sal según sea necesario.

2. Hervir y luego reducir a fuego lento. Es posible que deba agregar agua a medida que la calabaza se cocina y el líquido se evapora.

3. Una vez que la calabaza se cocina a la ternura deseada se puede utilizar una licuadora de inmersión para hacer una base cremosa, o se puede dejar grueso.

4. Añadir garbanzos al curry y dejar que se caliente.

5. Servir caliente con un grano, naan, o solo.

nutrición

Calorías: 375

Grasa: 20g

Proteína: 10g

97. Barcos de calabacín rellenos de mijo

Tiempo de preparación: 15 minutos

Tiempo de cocción: 30 minutos

Porción: 3

ingredientes

- 4 zucchinis
- 1 1/2 tazas de salsa
- 2 tazas de mijo, cocidas
- 1/2 taza de aceitunas negras, en rodajas
- 1 pimiento en dados

dirección

1. Cortar los extremos del calabacín. Cortar por la mitad longitudinalmente. Con una cuchara, retire la pulpa, haciendo suficiente espacio para empacar el calabacín lleno de golosinas.

2. Hornear el calabacín a 375 °F durante unos 15-20 minutos, hasta que esté tierno y haya liberado agua. Drene el exceso de agua.

3. Mezcle el mijo cocido, las aceitunas negras, la salsa y los pimientos en dados en un tazón. Sazonar con sal y pimienta. Empaca los barcos de calabacín con la mezcla de mijo. Hornear durante otros 15-20 minutos.

4. Sirva caliente con cualquier cobertura que elija.

nutrición

Calorías: 439

Grasa: 5g

Proteína: 21g

98. Carne (menos) Pan

Tiempo de preparación: 45 minutos

Tiempo de cocción: 45 minutos

Porción: 8

ingredientes

- 1 taza de lentejas verdes
- 1/2 taza de avena
- 3 cucharadas de ajo en polvo
- 1/4 taza de ketchup
- 1 cebolla, en dados

dirección

1. Revuelva en lentejas a una olla grande y cubra con agua. Hervir y luego reducir el calor y cocer a fuego lento durante unos 40 minutos hasta que las lentejas se cocinen a fondo. Una vez terminadas las lentejas, apartar para enfriar sin escurrir.

2. Con un procesador de alimentos, mezcle aproximadamente la mitad de las lentejas para ayudar a que todo se pegue.

3. Con una cuchara, mezcle la cebolla, el polvo de ajo, la avena y el ketchup.

4. Añadir a una sartén y hornear durante unos 45 minutos.

nutrición

Calorías: 213

Grasa: 1g

Proteína: 22g

99. Tazón de proteína tropical

Tiempo de preparación: 15 minutos

Tiempo de cocción: 0 minutos

Porción: 4

ingredientes

- 2 tazas de quinua, cocidas
- 1 taza de frijoles negros, en conserva
- 1 mango maduro, dados
- 1 taza de rúcula
- 1/4 taza de aderezo de diosa verde (para la receta, haga clic aquí)

dirección

1. Enjuague los frijoles negros en conserva y las verduras mixtas.

2. Divida la rúcula entre los cuencos de servicio. Tapa con la quinua cocida y frijoles negros. La quinua no debe estar caliente o se marchitará los greens.

3. Corta el mango y espolvorea en la parte superior. Llovizna con diosa verde vistiéndose, mezcla y sirve. Tapa con semillas de calabaza si se desea.

nutrición

Calorías: 472

Grasa: 16g

Proteína: 16g

100. Molinete arco iris

Tiempo de preparación: 10 minutos

Tiempo de cocción: 0 minutos

Porción: 2

ingredientes

- 2 pimientos, rojos, naranjas o amarillos
- 1 zanahoria, cortada en rodajas
- 1/4 taza de hummus
- 2 tortillas de maíz
- 1 taza de greens mixtos

dirección

1. Cortar la zanahoria y los pimientos. Enjuague los greens mixtos si es necesario.

2. Abofete sus tortillas en hummus. Hummus proporciona la proteína para esta receta, así que no tenga miedo de ser generoso!

3. Rematar el hummus con los verdes y verduras mezclados, organizándose en orden de color arco iris.

4. Enrolle las tortillas y luego córtelos en cuatro pedazos cada uno.

nutrición

Calorías: 200

Grasa: 5g

Proteína: 7g

101. Calabaza de espagueti con salsa de tomate sundried

Tiempo de preparación: 15 minutos

Tiempo de cocción: 40 minutos

Porción: 2

ingredientes

- 1 calabaza de espagueti
- 3 dientes de ajo picados
- 1/4 taza de albahaca
- 1/2 taza de tomates secados al sol, picados
- 1/2 taza de anacardos, sin asalar y empapado

dirección

1. Cortar la calabaza de espagueti por la mitad. Si esto es difícil, puede hacer estallar la calabaza en el microondas durante un minuto o dos para suavizarla. Saque las semillas.

2. Asar al horno a 400F durante 40 minutos.

3. Mientras la calabaza se está cocinando, incorpore anacardos empapados, ajo, albahaca y tomates

secados al sol en un procesador de alimentos. Mezcle con la consistencia deseada. Para una salsa más gruesa, dejar fuera los tomates hasta el final.

4. Cuando la calabaza esté tierna, cucharáguela de la piel con un tenedor. Usted puede tirar la piel lejos.

5. Mezclar con la salsa de tomate y servir cubierto con albahaca fresca, sal o parmesano vegano.

nutrición

Calorías: 236

Grasa: 14g

Proteína: 8g

102. Salteado simple

Tiempo de preparación: 15 minutos

Tiempo de cocción: 15 minutos

Porción: 2

ingredientes

- 2 tazas de fideos de arroz
- 1/4 taza de aderezo de soja-tahini (haga clic aquí para la receta)
- 1 taza de fideos de calabacín
- 1 zanahoria, mediana, pelada y juliena
- 1 pimiento rojo

dirección

1. En una sartén grande, calienta el aceite de cocina elegido. Añadir las verduras y reducir a medio o medio bajo calor. Revuelva con frecuencia para evitar la quema.

2. Hervir el agua en una olla. Mezclar en fideos de arroz y cocinar hasta que esté tierno. Drene cuando termine.

3. Una vez que sus verduras hayan alcanzado su ternura deseada, tíralas con el aderezo de soja-tahini y servir encima de los fideos de arroz. Puede agregar más aderezo a los fideos de arroz según sea necesario.

nutrición

Calorías: 386

Grasa: 2g

Proteína: 4g

103. Hamburguesas de lentejas de quinua

Tiempo de preparación: 15 minutos

Tiempo de cocción: 30 minutos

Porción: 8

ingredientes

- 1/2 taza de lentejas rojas, secas
- 2–3 dientes de ajo picados
- 1 cebolla roja, en dados
- 2 huevos de lino*
- 1 taza de quinua, seca

dirección

1. Usando olla grande, mezclar lentejas y quinua y cubrir con 3 tazas de agua. Hervir, luego disminuir el fuego a fuego lento y cocinar hasta que ambos estén tiernos y todo el líquido se haya cocinado (unos 15 minutos).

2. En un tazón grande mezclar el huevo de lino con el ajo picado, cebolla

picada y sal. Mezclar en la mezcla de quinua y lentejas.

3. Use sus manos para dar forma a las hamburguesas de la mezcla y colóquelas a una pulgada de distancia en una hoja de hornear. Congele todo lo que le gustaría comer más tarde.

4. Hornee el resto a 400 ° F durante aproximadamente 15-20 minutos en cada lado, dependiendo de qué tan crujiente quiera sus hamburguesas.

5. Servir solo, cortado en una ensalada, o en un bollo con sus ingredientes favoritos.

nutrición

Calorías: 125

Grasa: 2g

Proteína: 6g

104. Fideos de calabacín salvia

Tiempo de preparación: 10 minutos

Tiempo de cocción: 10 minutos

Porción: 2

ingredientes

- 2 calabacines
- 1/4 taza de salvia, fresca
- 1/4 taza de nueces, picadas
- 1/3 taza de espinacas
- 3 dientes de ajo picados

dirección

1. Para esta receta, necesitarás un espiralizador de verduras para hacer los fideos de calabacín.

2. Una vez que los fideos estén listos, saltee el aceite de oliva y el ajo en una sartén durante unos 3 minutos a fuego medio alto.

3. Añadir la salvia y repetir.

4. Añadir los fideos de calabacín y saltear durante unos 5 minutos.

5. Retirar del fuego y mezclar con las espinacas, nueces y pimienta negra.

nutrición

Calorías: 267

Grasa: 24g

Proteína: 5g

105. Calabaza de mantequilla dos veces al horno

Tiempo de preparación: 10 minutos

Tiempo de cocción: 60 minutos

Porción: 4

ingredientes

- 1/2 calabaza de mantequilla
- 1/4 taza de mantequilla vegana
- 4 dientes de ajo
- 1/4 taza de vino blanco, seco
- 2 cucharadas de levadura nutricional o parmesano vegano

dirección

1. Picar calabaza de mantequilla por la mitad y sacar las semillas.

2. Hornear a 350 ° F hasta que esté tierno (unos 45 minutos o más; cuanto más aseste la calabaza de mantequilla, más caramelizada se vuelve).

3. Una vez tierno, tire del horno. Cuchara la calabaza suave fuera de la

piel y retener la piel. Mezcle la calabaza en un tazón con la mantequilla vegana, el vino blanco y el parmesano vegano.

4. Sitúe la mezcla de nuevo en la piel y hornee durante 10 minutos más, el tiempo suficiente para reducir el vino.

nutrición

Calorías: 137

Grasa: 9g

Proteína: 3g

106. Patatas asadas ultra crujientes

Tiempo de preparación: 10 minutos

Tiempo de cocción: 60 minutos

Porción: 4

ingredientes

- 4 patatas
- 2–4 dientes de ajo picados
- 1 cebolla, en dados
- 1 cucharada de pimentón
- 2 cucharadas de bicarbonato de sodio

dirección

1. Picar las patatas a su tamaño deseado y añadir a una olla de agua hirviendo con el bicarbonato de sodio.
2. Hervir las patatas durante 21 minutos
3. Mientras tanto, picar cebolla y picar el ajo.
4. Escurrir las patatas y mezclar con el aceite de oliva, cebolla, ajo y pimentón.
5. Hornear a 400F durante 40 minutos. Es posible que desee voltearlos después de 20 minutos. Retirar y

servir una vez que hayan alcanzado la perfección crujiente.

nutrición

Calorías: 165

Grasa: 1g

Proteína: 5g

107. Coliflor sin gluten frito "Arroz"

Tiempo de preparación: 10 minutos

Tiempo de cocción: 15 minutos

Porción: 4

ingredientes

- 1 cabeza de coliflor, arrocera
- 4 dientes de ajo picados
- 2 tazas de verduras seleccionadas (se recomiendan zanahorias o guisantes en dados)
- 1 cucharada de jengibre, picada
- 1/4 taza de salsa de tamari (o soja), baja en sodio

dirección

1. Si no tiene arroz de coliflor, haga un poco usted mismo antes de tiempo. Picar el ajo y el jengibre, y los dados de cualquier verdura elegida.
2. A fuego medio alto, saltear el ajo y el jengibre en el aceite de cocina hasta que esté fragante, luego agregar las verduras y saltear durante unos minutos más.
3. Añadimos la coliflor y cocinamos hasta que esté tierna. Esto debería tomar menos de 10 minutos. Agregue

unas cucharadas de tamari naturalmente sin gluten al gusto.

nutrición

Calorías: 78

Grasa: 1g

Proteína: 6g

108. Risotto de coliflor de champiñón

Tiempo de preparación: 10 minutos

Tiempo de cocción: 20 minutos

Porciones: 4

ingredientes:

- 1 cabeza de coliflor, rallado
- 1 taza de caldo de verduras
- 9 onzas de setas picadas
- 1 taza de crema de coco
- 2 cucharadas de mantequilla sin sal

dirección:

1. Rellene el caldo en una cacerola y llámelo a ebullición. Desémoslo a un lado.
2. Derretir la mantequilla en una sartén y añadir las setas para saltear hasta que estén doradas.
3. Remover en una coliflor rallado y caldo.
4. Lleve la mezcla a fuego lento. Añadir crema.
5. Cocine hasta que se absorba el líquido y la coliflor esté al dente.
6. servir.

nutrición:

Calorías 186

Grasa 17.1g

Fibra 2.4g

109. Hamburguesa Halloumi

Tiempo de preparación: 10 minutos

Tiempo de cocción: 0 minutos

Porciones: 4

ingredientes:

- 15 onzas de queso vegano
- Mantequilla sin sal o aceite de coco
- 6 2/3 cucharadas de crema agria
- 6 2/3 cucharadas de mayonesa
- Verduras en rodajas, de su elección

dirección

1. Mezclar la crema agria con mayonesa en un bol y cubrir el bol. Refrigerar hasta su posterior uso.
2. Derretir la mantequilla en una sartén y añadir el queso vegano para cocinar hasta que esté suave y claro.
3. Coloque el queso en el plato y rebasarlo con una mezcla de mayo y verduras.
4. servir.

nutrición:

Calorías 534

Grasa 45.1g

Proteína 23.8g

110. Cremoso repollo verde

Tiempo de preparación: 10 minutos

Tiempo de cocción: 10 minutos

Porciones: 4

ingredientes:

- 2 onzas de mantequilla sin sal
- 1 1/2 lbs. de repollo verde, triturado
- 1 1/4 tazas de crema de coco
- Sal y pimienta
- 8 cucharadas de perejil fresco, finamente picado

dirección:

1. Calentar la mantequilla en una sartén y añadir la col para saltear hasta que esté dorada.
2. Revuelva en crema y lléndelo a fuego lento.
3. Añadir sal y pimienta para condimentar.
4. Desdoba con perejil.
5. Servir caliente.

nutrición:

Calorías 432

Grasa 42.3g

Proteína 4.2g

111. Brócoli cursi y coliflor

Tiempo de preparación: 10 minutos

Tiempo de cocción: 10 minutos

Porciones: 4

ingredientes:

- Coliflor de 8 onzas picada
- 1 lb. de brócoli picado
- 5 1/3 oz.queso vegano
- 2 onzas de mantequilla sin sal
- 4 cucharadas de crema agria

dirección:

1. Derretir la mantequilla en una sartén grande y luego remover en todas las verduras.
2. Saltear a fuego medio-alto hasta que se doren.
3. Añadir todos los ingredientes restantes a las verduras.
4. Mezclar bien y luego servir.

nutrición:

Calorías 244

Grasa total 20.4g

Proteína 12.3g

112. Judías verdes con cebollas tostadas

Tiempo de preparación: 10 minutos

Tiempo de cocción: 15 minutos

Porciones: 6

ingredientes:

- 1 cebolla amarilla, cortada en rodajas en anillos
- 1/2 cucharadita de sal
- 1/2 cucharadita de cebolla en polvo
- 2 cucharadas de harina de coco
- 1 1/3 lbs. judías verdes frescas, recortadas y picadas

dirección:

1. Mezclar la sal con polvo de cebolla y harina de coco en un bol grande.
2. Añadir los anillos de cebolla y mezclar bien para recubrir.
3. Extienda los anillos en la hoja de hornear, forrados con papel de pergamino.

4. Rematarlos con un poco de aceite y hornear durante 10 minutos a 400F.

5. Mientras tanto, parboil las judías verdes durante 3 a 5 minutos en el agua hirviendo.

6. Escurrir y servir los frijoles con aros de cebolla al horno.

7. servir.

nutrición:

Calorías 214

Grasa total 19.4g

Proteína 8.3g

113. Papas fritas de berenjena

Tiempo de preparación: 10 minutos

Tiempo de cocción: 15 minutos

Porciones: 8

ingredientes:

- 2 berenjenas, peladas y cortadas en forma de french fry
- 2 tazas de harina de almendras
- Sal y pimienta
- 2 huevos
- 2 cucharadas de aceite de coco spray

dirección:

1. Prepare su horno a 400 ° F (200 ° C).

2. Combinar la harina de almendras con sal y pimienta negra en un bol.

3. Batir los huevos en otro bol hasta que estén espumosos

4. Remoje los trozos de berenjena en el huevo y luego recubrirlos con una mezcla de harina.

5. Añadir otra capa de huevo y harina.

6. Coloque estas piezas en una hoja de hornear engrasada y rematarlas con el aceite de coco en la parte superior.

7. Hornear durante unos 15 minutos hasta que esté crujiente.

8. Servir caliente.

nutrición:

Calorías 212

Grasa total 15.7g

Proteína 8.5g

114. Ajo Focaccia

Tiempo de preparación: 10 minutos

Tiempo de cocción: 12 minutos

Porciones: 8

ingredientes:

- 11/2 tazas de queso mozzarella no lácteo rallado
- 2 cucharadas de queso crema vegano
- 1 huevo de lino
- 3/4 taza de harina de almendras
- Sal al gusto

dirección:

1. Prepare el horno a 400 ° F (200 ° C).

2. Calentar el queso crema vegano con mozzarella en una sartén pequeña hasta que esté suave. Mezclar bien.

3. Revuelva todos los ingredientes restantes a la sartén. Mezclar de nuevo.

4. Añadir agua si la mezcla es demasiado gruesa, para lograr una masa como la consistencia.

5. Coloque esta masa en una bandeja de hornear redonda de 8 patas forrada con papel de pergamino

6. Perforar algunos agujeros en el pan con un tenedor.

7. Hornear durante 12 minutos.

8. Servir con mantequilla derretida encima o como se desee.

9. disfrutar.

nutrición:

Calorías 135

Grasa total 9.9g

Proteína 8.6g

115. Setas Portobello

Tiempo de preparación: 10 minutos

Tiempo de cocción: 10 minutos

Porciones: 4

ingredientes:

- 12 tomates cherry
- Cebolletas de 2 onzas
- 4 setas portabella, tallos eliminados
- 41/4 onzas de mantequilla sin sal o aceite de oliva
- sal y pimienta

dirección:

1. Cocine la mantequilla en una sartén grande a fuego medio.

2. Remover en setas y saltear durante 3 minutos.

3. Remover en tomates cherry y cebolletas.

4. Saltear durante unos 5 minutos.

5. Ajustar el condimento con sal y pimienta.

6. Saltear hasta que las verduras estén suaves

7. Servir caliente y disfrutar.

nutrición:

Calorías 154

Grasa total 10.4g

Proteína 6.7g

116. Col verde frita con mantequilla

Tiempo de preparación: 10 minutos

Tiempo de cocción: 15 minutos

Porciones: 4

ingredientes:

- 11/2 lbs. col verde triturada
- 3 onzas de mantequilla sin sal
- sal al gusto
- Pimienta negra recién molida, al gusto
- 1 dollop, crema batida

dirección:

1. Derretir la mantequilla en una sartén grande.

2. Remover en repollo y saltear durante unos 15 minutos hasta que esté dorado.

3. Sazonar con sal y pimienta.

4. Servir caliente con una cucharada de crema.

nutrición:

Calorías 199

Grasa total 17.4g

Proteína 2.4g

117. Tofu asiático del ajo

Tiempo de preparación: 10 minutos

Tiempo de cocción: 10 minutos

Porciones: 4

ingredientes:

- 1 paquete de tofu súper firme
- 1/4 taza de salsa Hoisin
- 1 cucharadita de pasta de ajo de jengibre
- 1/4 cucharadita de escamas de pimiento rojo
- 1 cucharadita de aceite de sésamo

dirección:

1. Extracción de tofu del embalaje. Coloque unas 4 toallas de papel en un plato.
2. Coloque el tofu encima del plato y cubra con más toallas de papel.
3. Sitúe la sartén de hierro fundido pesado en la parte superior. Dejar reposar 30 minutos.
4. Incorporar todos los ingredientes restantes en un bol y dejar de lado.
5. Cortar el tofu en pequeños cubos y transferirlos al adobo.
6. Mezclar bien y marinar durante 30 minutos.
7. Cocine el aceite en una sartén y agregue el tofu al salteado hasta que esté dorado por todos los lados.
8. Desocer con cebollas verdes.
9. Servir caliente.

nutrición:

Calorías 467

Grasa total 28.5g

Proteína 45.9g

118. Setas rellenas

Tiempo de preparación: 10 minutos

Tiempo de cocción: 15 minutos

Porciones: 4

ingredientes:

- 4 Setas de Portobello
- 1 taza de queso vegano
- Tomillo fresco
- 2 cucharadas de aceite de oliva virgen extra
- sal al gusto

dirección:

1. Precaliente el horno a 350 grados F.
2. Cortar los tallos de las setas y picarlos en trozos pequeños.
3. Mezcla trozos de tallos con queso vegano, tomillo y sal en un bol.
4. Rellena cada seta con el relleno de queso preparado.
5. Rocíe un poco de aceite en la parte superior y coloque las setas en una hoja de hornear.
6. Hornear durante 15 a 20 minutos.
7. Servir caliente.

nutrición:

Calorías 124

Grasa total 22.4g

Fibra 2.8g

119. Puerros cremosos

Tiempo de preparación: 10 minutos

Tiempo de cocción: 25 minutos

Porciones: 6

ingredientes:

- Puerros de 1 1/2 lb, recortados y picados en piezas de 4 pulgadas
- 2 onzas de mantequilla vegana
- 1 taza de crema de coco
- 3 1/2 onzas de queso cheddar no lácteo
- sal y pimienta al gusto

dirección:

1. Prepare el horno a 400 ° F (200 ° C).
2. Cocine la mantequilla en una sartén a fuego medio.
3. Añadir puerros para saltear durante 5 minutos.
4. Extiende los puerros a un plato de hornear engrasado.
5. Hervir la crema en una cacerola y luego reduce el calor a bajo.
6. Remover en queso, sal y pimienta.
7. Vierta esta salsa sobre los puerros.
8. Hornear durante unos 15 a 20 minutos.
9. Servir caliente.

nutrición:

Calorías 204

Grasa total 15.7g

Proteína 6.3g

120. Croutons parmesanos

Tiempo de preparación: 10 minutos

Tiempo de cocción: 40 minutos

Porciones: 8

ingredientes:

- 1 1/2 tazas de harina de almendras
- 2 cucharaditas de polvo para hornear
- 1 cucharadita de sal marina
- 1 1/4 tazas de agua hirviendo
- 3 huevos veganos

dirección:

1. Prepare el horno a 350 ° F (175 ° C).
2. Mezcle la harina de almendras con sal y polvo de hornear en un bol.
3. Batir el huevo vegano y añadir a la mezcla seca.
4. Mezclar bien hasta que forme masa lisa.
5. Preparar 8 trozos planos de masa con las manos húmedas.
6. Sobreste la masa aplanada sobre una hoja de hornear con cierta distancia.
7. Hornearlos durante unos 40 minutos.
8. Rocíe el queso parmesano no lácteo en la parte superior y hornee durante 5 minutos.
9. Servir y disfrutar.

nutrición

Calorías 156

Grasa total 11.7g

Proteína 8.1g

121. Quesadillas

Tiempo de preparación: 10 minutos

Tiempo de cocción: minutos

Porciones: 4

ingredientes:

- 4 tortillas bajas en carbohidratos cortadas en trozos pequeños

- 5 onzas de queso parmesano rallado no lácteo
- 1 oz. verdes frondosos
- 1 cucharada de aceite de oliva, para freír
- Sal y pimienta al gusto

dirección:

1. Cocine el aceite en una sartén a fuego medio.
2. Extiende la mitad de los trozos de tortilla en la sartén y rematarlos con la mitad del queso y las verduras de hoja verde.
3. Rocíe el queso restante en la parte superior y agregue otra capa de tortillas.
4. Cocine durante 1 minuto y luego voltee para cocinar durante otro minuto.
5. Cortarlo en trozos agradables.
6. servir.

nutrición:

Calorías 238

Grasa total 16.9g

Proteína 10.8g

122. Coliflor cursi

Tiempo de preparación: 10 minutos

Tiempo de cocción: 25 minutos

Porciones: 3

ingredientes:

- 1 cabeza de coliflor
- 1/4 taza de mantequilla vegana, cortada en trozos pequeños
- 1 cucharadita de mayonesa
- 1 cucharada de mostaza preparada
- 1/2 taza de queso parmesano no lácteo, rallado

dirección:

1. Precaliente su horno a 390 grados F.
2. Combinar mayonesa y mostaza en un bol.
3. Añadir la coliflor a la mezcla de mayonesa. Mezclar bien.
4. Untar la coliflor en un plato de hornear y rematarla con mantequilla.
5. Espolvorear con queso encima y hornear durante unos 25 minutos.
6. Servir caliente.

nutrición:

Calorías 228

Grasa total 20.2g

Fibra 2.4g

123. Brotes de bambú asados de parmesano

Tiempo de preparación: 10 minutos

Tiempo de cocción: 15 minutos

Porciones: 3

ingredientes:

- Brotes de bambú de libra
- 2 cucharadas de mantequilla vegana
- 1 taza de queso parmesano no lácteo, rallado
- 1/4 cucharadita de pimentón

dirección:

1. Poner el horno a 350 grados F y luego engrasar un plato de hornear y luego dejar de lado

2. Mezclar mantequilla, pimentón, sal y pimienta negra en un bol.
3. Añadir las judías verdes al adobo de mantequilla y mezclar bien. Marinar durante 1 hora.
4. Situar la mezcla al plato de hornear y hornear durante 15 minutos.
5. servir.

nutrición:

Calorías 193

Grasa total 15.8g

Proteína 12.6g

124. Cole de Bruselas con limón

Tiempo de preparación: 10 minutos

Tiempo de cocción: 0 minutos

Porciones: 4

ingredientes:

- 1 lb. Coles de Bruselas, recortadas y trituradas
- 8 cucharadas de aceite de oliva
- 1 limón, jugo y ralladura
- Sal y pimienta
- 2/5 - 3/4 taza de almendra picante y mezcla de semillas o su propia elección de nueces y semillas

dirección:

1. Mezclar el zumo de limón con sal, pimienta y aceituna en un bol.
2. Revuelva en coles de Bruselas trituradas. Mezclar bien. Manténgase a un lado durante 10 minutos.
3. Añadir la mezcla de nueces a los brotes.
4. servir.

nutrición:

Calorías 382

Grasa total 36.5g

Proteína 6.3g

125. Hash Browns de coliflor

Tiempo de preparación: 10 minutos

Tiempo de cocción: 30 minutos

Porciones: 4

ingredientes:

- Coliflor de 1 lb, recortada y rallada
- 3 huevos veganos
- 1/2 cebolla amarilla, rallado
- Sal y pimienta negra al gusto
- 4 onzas de mantequilla vegana, para freír

dirección:

1. Batir los huevos veganos en un bol y añadir la cebolla, la coliflor, la sal y la pimienta.
2. Calentar la mantequilla en la sartén a fuego medio.
3. Revuelva la cuchara de masa con cuchara a la mantequilla y extienda la masa en un círculo de 3 a 4 pulgadas de diámetro
4. Cocine durante 4 minutos por lado.
5. Utilice toda la masa para repetir el proceso.
6. Servir caliente.

nutrición:

Calorías 284

Grasa total 26.4g

Proteína 6.8g

126. Parmesano de coliflor

Tiempo de preparación: 10 minutos

Tiempo de cocción: 25 minutos

Porciones: 4

ingredientes:

- Coliflor de 1 1/2 lbs., recortada y cortada en rodajas
- 2 cucharadas de aceite de oliva
- sal al gusto
- Pimienta negra, al gusto
- 4 onzas de queso parmesano rallado no lácteo

dirección:

1. Establecer el horno a 400F
2. Presente las rodajas de coliflor en una hoja de hornear forrada con papel de pergamino.
3. Llovizna sal, pimienta, aceite de oliva y queso parmesano no lácteo en la parte superior.
4. Hornear durante unos 20 a 25 minutos.
5. Servir caliente.

nutrición

Calorías 278

Grasa total 20.7g

Proteína 6.4g

127. Puré de coliflor

Tiempo de preparación: 10 minutos

Tiempo de cocción: 5 minutos

Porciones: 4

ingredientes:

- Coliflor de 1 lb, cortada en floretes
- 3 onzas de crema pesada batida
- 4 onzas de mantequilla vegana
- 1/2 limón, jugo y ralladura
- Aceite de oliva (opcional)

dirección:

1. Hervir el agua junto con la sal en una cacerola.
2. Añadir la coliflor al agua y cocinar hasta que esté suave.
3. Escurrir y transferir la coliflor a una licuadora.
4. Añadir todos los ingredientes restantes y mezclar hasta que esté suave.
5. servir.

nutrición:

Calorías 337

Grasa total 34.5g

Proteína 3g

128. Chips de col rizada al horno

Tiempo de preparación: 5 minutos

Tiempo de cocción: 30 minutos

Porción: 4

ingredientes:

- 1 manojo grande rizado o dinosaurio (toscano) col rizada
- 1 cucharada de aceite de oliva virgen extra
- 1 cucharadita de pimentón (opcional)
- 1/4 cucharadita de sal

dirección

1. Precaliente el horno a 300°F. Prepare dos hojas de hornear grandes usando papel de pergamino.
2. Enjuague y seque la col rizada, asegurándose de que no quede humedad. Cortar la columna vertebral central de cada hoja de col rizada y desechar. Esto te dejará con 2 piezas. Cortar ambas piezas por la mitad, por lo que cada hoja se ha cortado en cuartos.
3. En un tazón grande, combine la sal, el aceite y todas las especias que está usando. Agregue la col rizada y masajee la mezcla de aceite en la col rizada con las manos para recubrir uniformemente.
4. Coloque las piezas de col rizada en una sola capa sobre las hojas de hornear y hornear hasta que estén crujientes, de 25 a 30 minutos.

nutrición:

Calorías: 159

Grasa: 7g

Proteína: 6g

129. Hummus de aguacate

Tiempo de preparación: 11 minutos

Tiempo de cocción: 0 minutos

Porción: 4

ingredientes:

- 2 tazas de garbanzos cocidos, escurridos y enjuagados
- 2 cucharadas de mostaza de Dijon
- 6 cucharadas tahini
- 3 aguacates maduros cortados en trozos
- 3 cucharadas de zumo de limón fresco

dirección

1. En un procesador de alimentos, agregue los garbanzos, la mostaza, el tahini, el agua, la sal y la pimienta y procese hasta que esté suave. Raspar en un bol mediano.
2. Sin limpiar el procesador, agregue el jugo de aguacate y limón. Procesar hasta que esté suave.
3. Doblar el puré de aguacate en el puré de garbanzos y remover. Pruebe, y

sazonar bien, y más jugo de limón si es necesario.

nutrición:

Calorías: 493

Grasa: 35g

Proteína: 14g

130. Salsa de frijoles blancos con aceitunas

Tiempo de preparación: 12 minutos

Tiempo de cocción: 0 minutos

Porción: 4

ingredientes:

- 2 latas (15.5 onzas) de frijoles blancos, escurridos, enjuagados y cortados toscamente
- 1 taza de aceitunas mezcladas deshuesadas, toscamente picadas
- 1/4 taza de perejil fresco toscamente picado
- 3 a 4 cucharadas de zumo de limón fresco
- Ralladura de 1 limón, dividido

dirección

1. En un tazón mediano, lanza los frijoles, las aceitunas, el perejil, el aceite, el jugo de limón y la mayor parte de la ralladura de limón. Reserva 1 cucharadita de ralladura para una guarnición.
2. Sazonar bien y rociar jugo de limón si se desea.
3. Tapa con la cucharadita restante de ralladura de limón para servir.

nutrición:

Calorías: 264

Grasa: 8g

Proteína: 12g

131. Dip de berenjena asada

Tiempo de preparación: 11 minutos

Tiempo de cocción: 60 minutos

Porción: 4

ingredientes:

- 2 berenjenas medianas
- 1/2 taza tahini
- 4 cucharaditas de melaza de granada
- 3 cucharadas de zumo de limón fresco
- 6 cucharadas de perejil fresco picado

dirección

1. Coloque el estante en el centro del horno y encienda el horno. Forrce una hoja de hornear con papel de aluminio.
2. Pinchar las berenjenas con un cuchillo afilado en algunos lugares. Colóquelos en la hoja de hornear forrada de papel de pergamino y colóquelos en el estante central debajo de la parrilla. Asar durante 45 minutos a 1 hora, volteándolos cada 10 minutos. Las berenjenas necesitan desinflarse por completo y la piel debe quemarse y romperse. Sacar las berenjenas del horno y reservar para enfriar.
3. Una vez que se enfríe lo suficiente como para manejar, corte longitudinalmente por el centro de

cada berenjena y saque la carne, evitando la piel ennegrecida, y colóquela en un colador de malla fina. Dejar sobre un bol para escurrir y enfriar durante 40 minutos.

4. Picar la berenjena aproximadamente y transferir a un recipiente de mezcla medio. Agregue el tahini, 2 cucharadas de agua, melaza de granada, jugo de limón, perejil, 2 dientes de ajo, sal y pimienta. Mezclar bien.

5. Pruebe y sazonar con más sal, pimienta, ajo o jugo de limón.

6. Servir con pan de pita tostado.

nutrición:

Calorías: 273

Grasa: 17g

Proteína: 8g

132. Dátiles rellenos con crema de anacardo y almendras asadas

Tiempo de preparación: 13 minutos

Tiempo de cocción: 11 minutos

Porción: 4

ingredientes:

- 1 taza de almendras descascaradas, crudas, sin toalar
- 2 tazas de anacardos crudos sin desalar
- 1 1/2 cucharadas de jarabe de arce puro
- 1/2 cucharadita de extracto de vainilla, o más al gusto
- 12 nuevas fechas

dirección

1. Precaliente el horno a 350°F. Prep hoja de hornear bordeada con papel de pergamino.

2. Coloca las almendras en una sola capa y asa durante 10 a 12 minutos.

3. En un procesador de alimentos, agregue los anacardos drenados, el jarabe de arce, la vainilla y la mitad del agua. Mezclar hasta que quede suave, añadiendo más agua si es necesario.

4. Cortar abrir un lado de cada fecha y quitar el hoyo con los dedos. Rellena cada cita con un poco de crema de anacardo.

5. Servir con almendras asadas.

nutrición:

Calorías: 646

Grasa: 44g

Proteína: 19g

133. Rollitos de primavera de verduras crujientes

Tiempo de preparación: 15 minutos

Tiempo de cocción: 0 minutos

Porción: 4

ingredientes:

- 8 (8 pulgadas) envoltorios de papel de arroz seco
- 4 tazas de verduras crujientes delgadas de su elección, como pimiento rojo, zanahorias o pepinos
- 2 aguacates pequeños, cortados en rodajas

- 1 manojo pequeño de menta fresca, despalillado

dirección

1. Trabajar con el papel de arroz 1 envoltorio a la vez. Llene el agua caliente en un plato poco profundo y sumerja la hoja de papel de arroz para suavizarla, unos 15 segundos. Retire del agua y acaricie ambos lados secar con una toalla de papel o toalla de cocina limpia. Acostado en una tabla de cortar.

2. Al tercio inferior de la envoltura se sitúan un pequeño puñado de las verduras julienned, una rodaja de aguacate, y 4 o 5 hojas de menta. Doble suavemente hacia arriba y encima una vez, luego coloque los bordes y continúe rodando firmemente hasta que la costura esté sellada. Coloque el rollo en un plato, cose hacia abajo, y cubrir con una toalla de cocina húmeda.

3. Repetir con los envoltorios e ingredientes restantes. Servir inmediatamente.

nutrición:

Calorías: 294

Grasa: 14g

Proteína: 5g

134. Tocino de coco

Tiempo de preparación: 6 minutos

Tiempo de cocción: 26 minutos

Porción: 4

ingredientes:

- 1 1/2 cucharaditas de pimentón ahumado
- 1 1/2 cucharadas bajas en sodio, salsa de soja sin gluten o tamari
- 1 cucharada de jarabe de arce puro
- 1/2 cucharada de agua
- 3 1/2 tazas de coco en copos sin azúcar

dirección

1. Precaliente el horno a 325°F. Prepare una gran hoja de hornear con papel de pergamino.

2. Combine el pimentón, la salsa de soja, el jarabe de arce, la pimienta y el agua en un tazón grande.

3. Vierta el coco en copos y use una cuchara de madera para echar el coco en el líquido suavemente. Cuando el coco esté uniformemente recubierto, vierta sobre la hoja de hornear.

4. Hornear durante 20 a 25 minutos, usando una espátula para voltear el tocino aproximadamente cada 5 minutos para que se cocine uniformemente. Retirar cuando todo esté crujiente y dorado.

nutrición:

Calorías: 204

Grasa: 18g

Proteína: 2g

135. Portobello Tocino

Tiempo de preparación: 15 minutos

Tiempo de cocción: 61 minutos

Porción: 4

ingredientes:

- 5 grandes setas portobello, tallo y branquias removidas
- 1/4 taza de salsa de soja baja en sodio sin gluten o tamari
- 2 cucharaditas de pimentón ahumado
- 3 cucharadas de jarabe de arce puro

dirección

1. Cortar las setas en rodajas de 1/4 de pulgada.
2. Usando un tazón pequeño, salsa de soja, pimentón y jarabe de arce. Sazonar con pimienta.
3. Coloque las setas en un plato de vidrio poco profundo y vierta el adobo sobre ellos. Lastra para asegurarte de que todas las rodajas de setas estén completamente cubiertas. Deja que las setas marinan durante la noche cubiertas en la nevera.
4. Precaliente el horno a 275°F. Forrce una hoja de hornear con papel de pergamino.
5. Encirre cada rodaja de champiñones en la hoja de hornear, evitando la superposición. Es posible que necesite 2 hojas de hornear. Hornear durante 60 minutos.

nutrición:

Calorías: 76

Grasa: 0g

Proteína: 5g

136. Zanahorias y garbanzos asados

Tiempo de preparación: 11 minutos

Tiempo de cocción: 30 minutos

Porción: 4

ingredientes:

- 10 zanahorias, peladas y cortadas en cerillas de 11/2 pulgadas
- 1/4 cucharadita de pimienta de Cayena o pimentón
- 11/2 tazas de garbanzos cocidos
- 2 cucharaditas de jarabe de arce puro

dirección

1. Prepare el horno a 400 ° F. Forme una hoja de hornear grande usando papel de pergamino.
2. Extender los palitos de zanahoria en la hoja de hornear y asar durante 10 minutos.
3. Mientras tanto, en un tazón mediano, combine 1 cucharada de jugo de limón, 2 cucharaditas de aceite y la pimienta de Cayena. Tífaga los garbanzos con la mezcla de zumo de limón.
4. Añadir a la hoja de hornear con las zanahorias y asar durante 20 a 30 minutos más, o hasta que las zanahorias estén tiernas crujientes y ligeramente marrones y los garbanzos estén crujientes.
5. Mientras tanto, batir juntos el resto de 1 cucharada de jugo de limón, jarabe de arce, y la 1 cucharadita de aceite en un tazón pequeño.
6. Poner las zanahorias y garbanzos en un bol de servir mientras aún está caliente y lanzar con el aderezo.

nutrición:

Calorías: 204

Grasa: 5g

Proteína: 7g

Grasa: 7g

Proteína: 5g

137. Alas de búfalo de coliflor

Tiempo de preparación: 11 minutos

Tiempo de cocción: 30 minutos

Porción: 4

ingredientes:

- 2 cucharadas de aceite de oliva virgen extra
- 2 cucharadas de salsa de soja
- 2 cucharadas de vinagre de arroz
- 1 a 2 cucharadas de salsa Sriracha
- 1 cabeza de coliflor, hojas retiradas, cortadas en floretes

dirección

1. Fije el horno a 400°F. Preparar una hoja de hornear grande con papel de pergamino
2. Mezcla aceite, salsa de soja, vinagre y salsa sriracha
3. Revuelva suavemente en coliflor al bol y tire para recubrir con el adobo.
4. Esparcir la coliflor sobre una hoja de hornear y luego asar durante 15 minutos. Voltear y asar durante 10 a 15 minutos adicionales, o hasta que esté tierno.
5. Desmbargar con cilantro fresco y servir.

nutrición:

Calorías: 123

138. Tofu crujiente de coco crujiente

Tiempo de preparación: 5 minutos

Tiempo de cocción: 30 minutos

Porción: 4

ingredientes:

- 1 (14 onzas) paquete de tofu extra-firme
- 4 cucharadas de maicena
- 1/4 cucharadita de polvo de hornear
- 1/2 taza de panko migas de pan
- 3/4 taza de coco rallado sin azúcar

dirección

1. Fije el horno a 400°F. Forme una hoja de hornear grande usando papel de pergamino.
2. Apriete el tofu usando una toalla de cocina limpia para drenar, luego córtela en cubos de 2 pulgadas. Haga la masa combinando la maicena, el polvo de hornear, la sal y el agua en un recipiente de mezcla.
3. Ponga las migas de pan, la sal, la pimienta y el coco rallado en un plato grande y use sus manos para combinarlos.
4. Remoje cada pedazo de tofu en la masa, luego levante para dejar que el exceso se escurra. Sumérjase en las migas de panko de coco y enrolle para cubrir por completo. Transferir a la hoja de hornear.

5. Hornear 27 minutos, o hasta que esté dorado.

nutrición:

Calorías: 223

Grasa: 13g

Proteína: 11g

139. Latkes de batata

Tiempo de preparación: 21 minutos

Tiempo de cocción: 9 minutos

Porción: 4

ingredientes:

- 2 batatas (aproximadamente 11/2 libras en total), peladas
- 2 patatas russet (alrededor de 11/2 libras en total), peladas
- 1 cebolla roja o blanca pequeña
- 2 huevos de lino
- 3 cucharadas de harina de arroz

dirección

1. Usando una cuchilla de trituración grande de un procesador de alimentos, rallar las batatas, papas y cebolla en un tazón grande.
2. Envuelva todo en una toalla de cocina limpia y gire firmemente sobre el fregadero para sacar tanta agua como sea posible.
3. Vuelva a poner las patatas en el bol grande y sazonar con sal y pimienta. Doblar en los huevos de lino y harina de arroz. Incorpora usando tus manos hasta que se combinen a fondo.

4. Sitúe la sartén antiadherente grande a fuego medio. Añadir el aceite y calentar hasta que esté caliente.
5. Trabajando en lotes, cuchara alrededor de 1/4 taza de la mezcla de papa en la sartén, presionando ligeramente con una espátula para formar panqueques de 5 pulgadas que tienen aproximadamente 1/4 de pulgada de espesor. Cocine durante 8 minutos, girando una vez a mitad de camino.
6. Transfiera los latkes cocidos al horno para mantenerse calientes mientras cocina más.

nutrición:

Calorías: 318

Grasa: 3g

Proteína: 6g

140. Calabaza de espagueti al estilo italiano

Tiempo de preparación: 9 minutos

Tiempo de cocción: 46 minutos

Porción: 4

ingredientes:

- 1 calabaza grande de espagueti (aproximadamente 21/2 libras), reducida a la mitad longitudinalmente, sembrada y membranas eliminadas
- 2 cucharadas de aceite de oliva virgen extra
- 1/4 taza de piñones
- 2 tazas de salsa de tomate

dirección

1. Precaliente el horno a 425°F. Prepare un plato de horneado de 9 por 13 pulgadas con papel de pergamino.
2. Mezclar la carne de la calabaza con aceite y sazonar con pimienta. Si no tiene aceite, omita el aceite. Colocar la calabaza en el plato de hornear cortado hacia abajo y asar hasta que esté dorado y tierno cuando se perfore con cuchillo, unos 45 minutos.
3. Mientras tanto, moler los piñones en un pequeño procesador de alimentos o molinillo de especias.
4. Cuando la calabaza está cocida y lo suficientemente fría como para manejarla, con un tenedor para raspar la carne hacia el centro para crear tiras largas. Coloque las hebras en un recipiente grande.
5. Calentar la salsa de tomate en una cacerola mediana o en el microondas. Para servir, vierta una taza de 1/2 taza de salsa de tomate en el centro de cada plato. Usando pinzas, gire una cuarta parte de la calabaza de espagueti firmemente y montículo en la parte superior de la salsa. Rematar cada porción con 1 cucharada de piñones molidos.

nutrición:

Calorías: 205

Grasa: 11g

Proteína: 5g

141. Coles de Bruselas asadas con salsa de arce caliente

Tiempo de preparación: 15 minutos

Tiempo de cocción: 30 minutos

Porción: 4

ingredientes:

- 1 libra (aproximadamente 30) coles pequeñas de Bruselas, recortadas y reducidas a la mitad
- 1 cucharada de aceite de oliva virgen extra
- 1/4 taza de jarabe de arce puro
- 2 1/2 cucharadas de jerez o vinagre de vino tinto
- 3/4 cucharadita de escamas de pimiento rojo triturado

dirección

1. Calentar el horno a 450°F. Prep hoja de hornear bordeada con papel de pergamino.
2. Tirar coles de Bruselas con el aceite. Si no tiene aceite, omita el aceite. Sazonar con un pellizco de sal y pimienta. Extienda las coles de Bruselas, cortadas hacia abajo, en la hoja de hornear. Asar hasta que esté tierno y dorado, de 20 a 25 minutos.
3. Usando cacerola a fuego medio, llevar el jarabe de arce a fuego lento. Poner el fuego a bajo y luego cocinar durante unos 3 minutos. Batir en el vinagre, el resto de 1/4 cucharadita de sal, y los copos de pimiento rojo y cocinar, whisking constantemente, durante otros 3 minutos.
4. Sitúe las coles de Bruselas cocidas en un tazón grande. Añadir la salsa y el toss para recubrir.

nutrición:

Calorías: 132

Grasa: 4g

Proteína: 4g

142. Avena al horno y fruta

Tiempo de preparación: 5 minutos

Tiempo de cocción: 20 minutos

Porción: 4

ingredientes:

- 3 tazas de avena de cocción rápida
- 3 tazas de leche sin sabor, sin destelar
- 1/4 taza de jarabe de arce puro
- 1 cucharada de extracto de vainilla
- 1 a 2 tazas de arándanos, frambuesas, o ambos

dirección

1. Precaliente el horno a 375°F.
2. En un tazón de mezcla grande, combine todos los ingredientes. Transferir a un plato de cazuela grande y cubrir con papel de aluminio.
3. Hornear durante 10 minutos. Destape y hornee durante otros 5 a 10 minutos, o hasta que todo el líquido se haya ido visiblemente y los bordes comiencen a dorar.
4. Dejar enfriar 5 minutos antes de servir. Servir con un toque extra de leche no láctea y una llovizna de jarabe de arce.

nutrición:

Calorías: 365

Grasa: 7g

Proteína: 9g

143. Cáñamo y Granola de avena

Tiempo de preparación: 5 minutos

Tiempo de cocción: 30 minutos

Porción: 4

ingredientes:

- 2 tazas de avena enrollada anticuada
- 1 1/2 cucharaditas de canela
- 1/2 taza de semillas de cáñamo
- 1/3 taza de almendras astilladas
- 1/3 taza de jarabe de arce puro

dirección

1. Precaliente el horno a 350°F. Prepare una gran hoja de hornear con papel de pergamino.
2. Extienda la avena en la hoja de hornear forrada. Espolvorear sobre la canela y el arrojo. Extender uniformemente sobre la hoja de hornear y tostar en el horno durante 10 minutos.
3. Añadir las semillas de cáñamo y lancar con la avena. Brindis por otros 10 minutos. Agregue las almendras, la langre y la tostada durante otros 5 minutos.
4. Sacar del horno y rociar con jarabe de arce. Toste, extienda uniformemente en la hoja de hornear, y toste durante otros 5 minutos.
5. Refrigerar cubierto por hasta 5 días.

nutrición:

Calorías: 434

Grasa: 20g

Proteína: 17g

144. Faro cálido con cerezas dulces secas y pistachos

Tiempo de preparación: 5 minutos

Tiempo de cocción: 42 minutos

Porción: 4

ingredientes:

- 2 tazas faro
- 21/2 tazas de agua
- 1/4 tazas de cerezas dulces secas
- 1/4 taza de pistachos sin desalar con cáscara
- Llovizna de jarabe de arce puro

dirección

1. Coloque el faro en un colador de malla fina y enjuague con agua fría hasta que el agua se despeje.
2. Usando cacerola mediana a fuego alto, hervir el agua. Revuelva en el faro y asegúrese de que esté completamente sumergido en el agua. Reduzca el calor a fuego lento suave. Cubrir y cocinar hasta que el faro esté masticable y el agua sea absorbida. El tiempo de cocción puede variar de 15 a 30 minutos.
3. Examine la textura cada 5 a 10 minutos.
4. Revuelva en las cerezas, y luego rematar con los pistachos.
5. Llovizna con jarabe de arce. Servir caliente.

nutrición:

Calorías: 296

Grasa: 3g

Proteína: 10g

145. Ensalada de piña, pepino y menta

Tiempo de preparación: 11 minutos

Tiempo de cocción: 0 minutos

Porción: 4

ingredientes:

- 3 tazas de piña fresca picada
- 3 tazas de pepino fresco, pelado, sembrado y en rodajas
- 3 cebolletas, finamente cortadas en rodajas
- 1/4 taza de menta fresca picada
- 1/4 taza de jugo de lima fresca

dirección

1. En un bol grande, incorpora todos los ingredientes y lanza suavemente.

nutrición:

Calorías: 82

Grasa: 0g

Proteína: 2g

146. Brillante, hermosa garra

Tiempo de preparación: 16 minutos

Tiempo de cocción: 0 minutos

Porción: 4

ingredientes:

- Jugo y ralladura de 2 limas
- 1/4 taza de jarabe de arce puro

- 4 a 5 tazas de repollo rojo, finamente triturado
- 2 mangos o papayas, cortadas en trozos pequeños
- 2 tazas de hojas de menta ásperas picadas

dirección

1. Jugo de lima azote y jarabe de arce. Sazonar con sal y pimienta. reservar.
2. En un tazón mediano, agregue la col roja, el mango, la menta y la ralladura de lima.
3. Añadir el aderezo un poco a la vez y lanje juntos. Saborear y sazonar bien.

nutrición:

Calorías: 177

Grasa: 1g

Proteína: 3g

147. Manzanas horneadas con frutos secos

Tiempo de preparación: 11 minutos

Tiempo de cocción: 60 minutos

Porción: 4

ingredientes:

- 4 manzanas grandes, con núcleo para hacer una cavidad
- 4 cucharaditas de pasas o arándanos
- 4 cucharaditas de jarabe de arce puro
- 1/2 cucharadita de canela molida
- 1/2 taza de jugo de manzana sin azúcar o agua

dirección

1. Precaliente el horno a 350°F.

2. Sitúe las manzanas en un plato de hornear que las sostenga en posición vertical. Poner el fruto seco en las cavidades y rociar con jarabe de arce. Espolvorear con canela. Vierta el jugo de manzana o el agua alrededor de las manzanas.
3. Cubrir flojamente con papel de aluminio y hornear durante 50 minutos a 1 hora, o hasta que las manzanas estén tiernas cuando se perfore con un tenedor.

nutrición:

Calorías: 158

Grasa: 1g

Proteína: 1g

148. Barras de cereales sin carbohidratos

Tiempo de preparación: 30 minutos

Tiempo de cocción: 0 minutos

Porción: 8

ingredientes:

- 1 taza de semillas de calabaza y girasol
- 1 taza de almendras; avellana
- 1 huevo de lino (ver receta)
- 1/4 taza de mantequilla de almendras; manteca de cacao
- 1 cucharadita de polvo de stevia

dirección

1. Ajuste el horno a 350 ° F / 175 ° C, y forme un plato de horneado poco profundo con papel de pergamino.

2. Transfiera todos los ingredientes enumerados a una licuadora o procesador de alimentos. Mézclelo en una mezcla gruesa.

3. Sitúe la mezcla en el plato de hornear y esparcirlo uniformemente en un trozo plano en el papel de pergamino.

4. Hornear este trozo durante unos 15 minutos.

5. Saque el plato de hornear del horno y deje enfriar durante unos 10 minutos.

6. Corte el trozo en el número deseado de barras mientras todavía está un poco caliente.

nutrición

Calorías: 223

Grasa: 20.3g

Proteína: 7.2g

149. Bombas de chocolate nutty

Tiempo de preparación: 60 minutos

Tiempo de cocción: 0 minutos

Sirviendo: 6

ingredientes:

Fondo de mantequilla de nuez:

- 1/2 taza de mantequilla de maní; aceite de coco
- 1/2 taza de almendras; avellana
- 1/2 cucharada de especia de calabaza

Tapa de chocolate:

- 1/4 taza de manteca de cacao
- 2 cucharadas de cacao en polvo

dirección

1. Forrce una bandeja de muffin con forro de muffin.

2. Vierta el aceite de coco y la mantequilla de maní en un bol pequeño. Caliente el recipiente en el microondas durante 10 segundos, o hasta que el aceite y la mantequilla se hayan derretido. Asegúrese de que no se caliente demasiado.

3. Transfiera los ingredientes derretidos y los ingredientes restantes del fondo de mantequilla de nuez a un procesador de alimentos o licuadora. Mezcle todo en una mezcla gruesa.

4. Transferir 1 cucharada de la mezcla de la licuadora a cada forrado de muffin.

5. Repita este proceso hasta que el contenedor de la licuadora esté vacío, asegurándose de que los 12 revestimientos de muffin estén llenos uniformemente.

6. Coloque la bandeja de muffin en el congelador durante unos 30 minutos, hasta que las capas inferiores estén firmes.

7. Calentar la manteca de cacao en una cacerola pequeña a fuego lento hasta que esté completamente derretida.

8. Revuelva en el polvo de cacao y 1/2 cucharadita de stevia en polvo. Asegúrese de que los ingredientes de la parte superior de chocolate están bien incorporados.

9. Saque la bandeja de muffin del congelador y divida la mezcla superior de chocolate sobre los muffins. Use una cucharadita y asegúrese de que la

mezcla superior de chocolate se distribuya uniformemente.

10. Vuelva a colocar la bandeja de muffin con las tazas cubiertas en el congelador durante otros 30 minutos, hasta que las bombas de chocolate con nueces estén firmes y listas para servir.

nutrición

Calorías: 253

Grasa: 24.7g

Proteína: 4.8g

150. Barras de chocolate de avellana sin hornear

Tiempo de preparación: 60 minutos

Tiempo de cocción: 0 minutos

Porción: 8

ingredientes:

- 1/2 taza de aceite de coco
- 2 tazas de avellanas
- 1/4 taza de almendras; nueces; cacao en polvo
- 1 cucharada de extracto puro de vainilla
- 1 cucharadita de polvo de stevia

dirección

1. Prepare un plato de hornear poco profundo con papel de pergamino.
2. Transfiera todos los ingredientes enumerados a un procesador de alimentos o licuadora. Mezcle los ingredientes en una mezcla gruesa.

3. Sitúe la mezcla en el plato de hornear y esparcirlo uniformemente en un trozo plano.
4. Envuelva el plato de hornear y colóquelo en el congelador durante 45 minutos, hasta que el trozo esté firme.
5. Saque el plato de hornear el congelador, corte el trozo en el número deseado de barras y guarde, o sirva y comparta.

nutrición

Calorías: 185

Grasa: 18g

Proteína: 3.4g

151. Bolas de chocolate de coco

Tiempo de preparación: 60 minutos

Tiempo de cocción: 0 minutos

Sirviendo: 12

ingredientes:

- 1 taza de nueces de macadamia; mantequilla de almendras
- 1/2 taza de manteca de cacao; aceite de coco
- 6 cucharadas de cacao en polvo
- 1 cucharada de extracto de vainilla
- 1 cucharadita de polvo de stevia

dirección

1. Transfiera todos los ingredientes enumerados, excepto los copos de coco triturados de 1 taza, a un procesador de alimentos o licuadora. Mezcle los ingredientes en una mezcla suave.

2. Prepare la bandeja de hornear con papel de pergamino para evitar que las bolas se peguen al plato.

3. Saque una cucharada de la mezcla de chocolate y coco y enrollarla en una bola firme usando sus manos.

4. Repita lo mismo para las otras 23 bolas. Cubra cada bola con las escamas de coco trituradas y luego transfiéndolas a la bandeja de hornear.

5. Coloque la bandeja de hornear en el congelador durante 45 minutos, hasta que todas las bolas estén sólidas.

6. Saque el plato de hornear el congelador y guarde las bolas de coco, o sítelas de inmediato. ¡Comparte las bolas de chocolate de coco con otros y disfruta!

7. Alternativamente, guarde las bolas de chocolate en la nevera, usando un recipiente hermético y consuma dentro de los 6 días.

nutrición

Calorías: 210

Grasa: 20.8g

Proteína: 3.5g

152. Tarta de queso de frambuesa Fudge

Tiempo de preparación: 60 minutos

Tiempo de cocción: 0 minutos

Sirviendo: 12

ingredientes:

- 1 taza de anacardos crudos (sin desalar)
- 1/2 taza de nueces de macadamia (sin desalar)
- 1/2 taza de proteína vegana en polvo (sabor a vainilla); crema de coco
- 2 cucharaditas de levadura nutricional
- 2 cucharadas de polvo de frambuesa liofilizado

dirección

1. Prepare un plato de hornear profundo con papel de pergamino.

2. Transfiera todos los ingredientes enumerados a un procesador de alimentos o licuadora. Mezcle los ingredientes en una mezcla suave.

3. Transfiera la mezcla al plato de hornear en profundidad y esparcirlo en una capa uniforme.

4. Ponga el plato de hornear en el congelador durante 45 minutos, hasta que el trozo de fudge esté firme.

5. Tome el plato de hornear fuera del congelador, cortar el trozo en el número deseado de porciones de fudge, y disfrutar de inmediato!

nutrición

Calorías: 178

Grasa: 12.7g

Proteína: 10.9g

153. Tazas de Choco de limón de arándano

Tiempo de preparación: 60 minutos

Tiempo de cocción: 0 minutos

Sirviendo: 12

ingredientes:

- 1/2 taza de manteca de cacao; aceite de coco
- Ralladura de limón orgánico de 2 cucharadas
- 1/4 taza de jugo de limón fresco; cacao en polvo
- 1/2 cucharadita de polvo de stevia
- 20 arándanos

dirección

1. Situar la manteca de cacao y el aceite de coco en un bol mediano. Calentar este bol en el microondas durante 10 segundos, hasta que la mantequilla y el aceite se hayan derretido. Asegúrese de que no se caliente demasiado.
2. Saque el recipiente del microondas y luego mezcle todos los ingredientes restantes. Asegúrese de que todo esté bien incorporado.
3. Forrce una bandeja de muffin con forro de muffin.
4. Saque la mezcla suave del tazón con una cucharada en los forres de muffin. Si la mezcla no es lo suficientemente suave como para ser transferida, vuelva a calentarla en el microondas durante 10 segundos.
5. Llene todos los forneros de muffin uniformemente, 1 cucharada a la vez.
6. Refrigerar las tazas durante 45 minutos, hasta que estén firmes. ¡Saca las tazas, sirve y disfruta!

nutrición

Calorías: 178

Grasa: 18.7g

Proteína: 0.8g

154. Cremoso Coco Vainilla Tazas

Tiempo de preparación: 60 minutos

Tiempo de cocción: 0 minutos

Sirviendo: 12

ingredientes:

- 1/4 taza de crema de coco
- 1/2 taza de copos de coco (sin azúcar); mantequilla de almendras
- 1/4 taza de aceite de coco
- 1 cucharada de extracto de vainilla
- 1 cucharadita de polvo de stevia

dirección

1. Ponga la mantequilla de almendras, la crema de coco y el aceite de coco en una cacerola pequeña. Calentar la sartén a fuego medio-bajo mientras se baten los ingredientes hasta que se fundan y se mezclen.
2. Tire de la sartén del fuego y luego desémosla a un lado. Dejar que la mezcla se enfríe.
3. Transferir la mezcla en un bol de tamaño mediano y mezclar en los ingredientes restantes.
4. Forrce una bandeja de muffin con forro de muffin.
5. Saque la mezcla suave del tazón con una cucharada en los forres de muffin.
6. Llene todos los forneros de muffin uniformemente, 1 cucharada a la vez.
7. Refrigere las tazas durante 45 minutos, hasta que las tazas de coco estén firmes.
8. Servir y disfrutar, o, almacenar las cremosas tazas de vainilla de coco en la nevera, utilizando un recipiente

hermético, y consumir dentro de 6 días.

nutrición

Calorías: 139

Grasa: 13.5g

Proteína: 2.6g

155. Barras eléctricas de mantequilla de maní

Tiempo de preparación: 60 minutos

Tiempo de cocción: 0 minutos

Sirviendo: 16

ingredientes:

- 1/2 taza de mantequilla de maní; aceite de coco
- 1/4 taza de semillas de girasol; Nueces
- 1/4 taza de semillas de cáñamo; mantequilla de almendras
- 1 cucharada de extracto de vainilla
- 1 cucharadita de polvo de stevia

dirección

1. Ponga la mantequilla de almendras, la mantequilla de maní y el aceite de coco en una cacerola pequeña. Calentar la cacerola a fuego medio-bajo y batir los ingredientes hasta que todo esté fundido y totalmente incorporado.
2. Tire de la sartén del fuego y luego deje la mezcla a un lado para enfriar.
3. Forra un plato de hornear con papel de pergamino.

4. Rellene el contenido de la cacerola en un tazón de tamaño mediano y mezcle los ingredientes restantes.
5. Sitúe la mezcla en el plato de hornear y esparcirlo en una capa uniforme.
6. Ponga el plato de hornear en el congelador durante 45 minutos, hasta que el trozo esté firme.
7. Saque el plato de hornear el congelador y corte el trozo en el número deseado de barras.

nutrición

Calorías: 178

Grasa: 16.8g

Proteína: 4.6g

156. Tazas de menta de chocolate negro

Tiempo de preparación: 60 minutos

Tiempo de cocción: 0 minutos

Sirviendo: 16

ingredientes:

- 1/2 taza de mantequilla de almendras; manteca de cacao
- 1/4 taza de aceite de coco
- 1/4 taza de cacao en polvo (sin azúcar)
- 1 cucharadita de extracto de menta; polvo de stevia
- 1 cucharada de extracto de vainilla

dirección:

1. Ponga la manteca de cacao, la mantequilla de almendras y el aceite de coco en una cacerola pequeña.

Calentar la cacerola a fuego medio-bajo. Incorpore los ingredientes usando un batidor, agregue el cacao en polvo y vuelva a batir hasta que todos los ingredientes estén completamente incorporados.

2. Tire de la cacerola del fuego y deséctela a un lado para enfriarla.
3. Forra un plato de hornear con papel de pergamino.
4. Rellene la mezcla de la cacerola en un tazón de tamaño mediano y mezcle todos los ingredientes restantes. Asegúrese de que todos los ingredientes estén completamente incorporados.
5. Transfiera una cucharada de la mezcla del recipiente a cada forrín de muffin.
6. Repita este proceso hasta que el recipiente esté vacío, asegurándose de que los 16 revestimientos de muffin estén llenos uniformemente.
7. Refrigere las tazas durante 45 minutos, hasta que las tazas de coco estén firmes.
8. Saque las tazas del congelador, sirva y disfrute de inmediato.
9. Alternativamente, guarde las tazas de menta de chocolate en la nevera, usando un recipiente hermético, y consuma dentro de los 6 días.

nutrición

Calorías: 151

Grasa: 15g

Proteína: 2.3g

157. Gelato de pistacho bajo en carbohidratos

Tiempo de preparación: 60 minutos

Tiempo de cocción: 0 minutos

Sirviendo: 16

ingredientes:

- 2 tazas de anacardos crudos (sin desalar)
- 4 tazas de leche de coco llena de grasa
- 1/2 taza de aceite de coco
- 1 cucharadita de extracto de almendra; polvo de stevia
- 2 cucharaditas de almidón de tapioca

dirección:

1. Cubra los anacardos en un recipiente pequeño lleno de agua y deje reposar durante 4 a 6 horas. Enjuague y drene los anacardos después de remojar. Asegúrese de que no quede agua.
2. Agregue 1 taza de pistachos a una licuadora o procesador de alimentos, o, alternativamente, use un molinillo de café; mezclar o moler los pistachos en un polvo fino.
3. Mantenga o agregue el polvo de pistacho en la licuadora o procesador de alimentos. Añadir los frutos secos empapados y los demás ingredientes excepto los pistachos restantes. Mezcle los ingredientes en una mezcla suave.
4. Coloque la mezcla a un fabricante de helados y haga el helado de acuerdo con las instrucciones del aparato. Alternativamente, mezcle los

pistachos sobrantes en la mitad de la mezcla de helado y congele durante aproximadamente 4 horas. Mantenga el resto en la nevera para este tiempo.

5. Mezcle aún más ambas mezclas en la licuadora o el procesador de alimentos en la consistencia deseada del helado.

6. Coloque el helado en un recipiente hermético y colózlo en el congelador durante aproximadamente 3 horas.

7. Deje que el helado se descongele durante 15 minutos antes de servir. ¡disfrutar!

8. El helado de pistacho se puede almacenar, utilizando un recipiente hermético, durante un máximo de 12 meses. Descongelar durante unos 5 minutos antes de servir.

nutrición

Calorías: 320

Grasa: 29.95g

Proteína: 5.8g

158. Anacardos tostados con escamas de nueces

Tiempo de preparación: 20 minutos

Tiempo de cocción: 11 minutos

Porción: 3

ingredientes:

- 1 taza de anacardos (sin desalar)
- 1/4 taza de copos de coco tostados
- 4 cucharadas. copos de almendra; Agua
- 1 cucharada de edulcorante monje líquido

- 1/2 cucharadita de extracto de vainilla

dirección:

1. Ponga una sartén o sartén de tamaño mediano a fuego medio.

2. Agregue el edulcorante monje líquido, 1/2 cucharada de canela, sal, agua y extracto de vainilla. Revuelva los ingredientes hasta que todo se combine.

3. A continuación, agregue las nueces de anacardo mientras se agita constantemente. Asegúrese de recubrir todas las nueces uniformemente en la mezcla líquida.

4. Siga removiendo mientras el líquido comienza a cristalizar en las nueces.

5. Transfiera los anacardos tostados a un plato y deje que se enfríen.

6. Agregue los copos de coco tostados y los copos de almendras, y luego disfrute de inmediato.

nutrición

Calorías: 338

Grasa: 27.9g

Proteína: 10.3g

159. Chocolate &Yogur Helado

Tiempo de preparación: 60 minutos

Tiempo de cocción: 0 minutos

Porción: 1

ingredientes:

- 2/3 taza de yogur griego bajo en grasa

- 1 cucharada de proteína de soja orgánica (sabor a vainilla o chocolate)
- 1 cucharada de cacao en polvo (sin azúcar)
- 1 taza de leche de almendras sin desbaste
- 4 cucharadas de almendras (trituradas, alternativamente use copos de almendras)

dirección:

1. Tome un tazón de tamaño mediano y agregue el yogur griego, la proteína en polvo, el cacao en polvo, la leche de almendras y el edulcorante de stevia de 6 gotas. Con un batidor, combinar los ingredientes juntos.
2. Ponga el recipiente en el congelador durante una hora.
3. Revuelva el helado y vuelva a ponerlo en el congelador durante 30 minutos. Repita este paso.
4. Después de 2 horas, el helado está listo. Deje que se ablande durante 5 minutos, rematar con las almendras trituradas, servir, y disfrutar!
5. El helado se puede almacenar, utilizando un recipiente hermético, durante un máximo de 12 meses. Descongelar durante unos 5 minutos antes de servir.

nutrición

Calorías: 355

Grasa: 17.9g

Proteína: 36.7g

Tiempo de preparación: 60 minutos

Tiempo de cocción: 0 minutos

Porción: 8

ingredientes:

- 2 tazas de crema batidora pesada (use crema de coco para helado vegano)
- 1/2 cucharada de proteína de soja orgánica (sabor a chocolate)
- 1/2 cucharada de café instantáneo en polvo; agar-agar
- 1 cucharadita de sal
- 6 cucharadas de chocolate negro (85% de cacao o superior, use trozos o aplaste una barra de chocolate)

dirección

1. Ponga la crema batidora pesada en un tazón grande y congele durante al menos 20 minutos.
2. Saque la crema y use un batidor para azotarla hasta por 10 minutos. Transfiera el recipiente de vuelta al congelador.
3. En una sartén de tamaño mediano, agregue el agar-agar y el agua. Revuelva hasta que el agar-agar se haya disuelto en el agua, y luego mezcle en el polvo de stevia de 1/4 de cucharadita.
4. Revuelva en el polvo de café instantáneo y la sal. Poner la sartén a fuego medio. Revuelva constantemente mientras calienta la mezcla y asegúrese de que no queden grumos.

160. Choco Chip Helado con Menta

5. Saca la sartén del fuego y luego revuelve la proteína en polvo. Deje la mezcla a un lado para enfriar.

6. Tome la crema batida y agregue el extracto de vainilla de 3 cucharaditas y el aceite de menta de 4 cucharaditas. Use más de ambos para un sabor más fuerte.

7. Añadir la mezcla de gelatina vegana de la sartén a la crema. Incorporar ambas mezclas mediante el uso de un batidor o una batidora eléctrica. Este proceso se realiza mejor trabajando con varios lotes.

8. Pruebe la mezcla y agregue más stevia, vainilla y / o menta, dependiendo del sabor deseado.

9. Congele la mezcla durante 15 minutos. Revuelva y congele durante otros 10 minutos.

10. Rematar el helado con los trozos de chocolate negro y congelar durante al menos 2 horas.

11. Dejar descongelar 5 minutos antes de servir. Tapa con un poco de chocolate negro adicional, menta picada, y disfrutar!

12. El helado se puede almacenar en un recipiente hermético durante un máximo de 12 meses. Descongelar durante unos 5 minutos antes de servir.

nutrición

Calorías: 275

Grasa: 27.2g

Proteína: 3.7g

161. Bocadillos de queso crujiente

Tiempo de preparación: 10 minutos

Tiempo de cocción: 11 minutos

Porción: 4

ingredientes:

- 2 huevos veganos
- 1/2 taza de queso cheddar no lácteo; harina de almendras
- 1/4 taza de queso parmesano no lácteo (rallado)
- 1 paquete de 8 onzas tempeh
- 1 cucharadita de pimentón en polvo

dirección:

1. Prepare el horno a 400 ° F y forme una bandeja de hornear con papel de pergamino.

2. Tome un tazón de tamaño mediano y mezcle los 2 huevos, quesos, harina y especias en él usando una cuchara. Asegúrese de que no queden bultos.

3. Divida la mezcla en 8 porciones par.

4. Cortar el tempeh en 8 trozos.

5. Cubra cada pieza de tempeh con un trozo de la mezcla de queso.

6. Transfiera los bocadillos a la bandeja de hornear. Hornear durante 12 minutos

7. ¡Permita que los bocadillos se enfríen antes de servir y disfruten!

8. Alternativamente, guarde los bocadillos de queso en la nevera en un recipiente hermético y consuma dentro de los 5 días.

nutrición

Calorías: 248

Grasa: 15.9g

Proteína: 21.6g

162. Crème Brule

Tiempo de preparación: 45 minutos

Tiempo de cocción: 30 minutos

Porción: 4

ingredientes:

- 2 tazas de crema pesada
- 6 huevos veganos
- 1 cucharada de mantequilla sin sal; aguardiente
- 1/4 cucharadita de extracto de vainilla
- 1 cucharadita de stevia edulcorante

dirección:

1. Precalentar el horno a 350°F
2. Llene un plato grande del horno o una sartén con una capa de agua caliente. Engrasar 4 ramekins con la mantequilla y colocar estos en el agua. El agua debe cubrir los ramekins a mitad de camino.
3. En un tazón mediano, azote el huevo usando un batidor. Añadir el edulcorante de stevia y remover.
4. Tome una cacerola de tamaño mediano, agregue la crema pesada y cómela a fuego medio mientras se agita continuamente.
5. Revuelva lentamente en la mezcla de huevos a la cacerola mientras se agita continuamente.
6. Agregue el brandy, revuelva y tome la cacerola del fuego.

7. Porciones la mezcla en los 4 ramekins y ponemos el plato o la sartén en el horno.
8. Hornear la crema Brule en el horno durante unos 30 minutos, hasta que la parte superior esté dorada.
9. Saque el plato o la sartén del horno y enfríe los ramekins en una capa de agua fría.
10. Refrigerar los ramekins por hasta 8 horas, servir, y disfrutar!

nutrición

Calorías: 529

Grasa: 53g

Proteína: 7.4g

163. Pudín de chocolate de aguacate

Tiempo de preparación: 10 minutos

Tiempo de cocción: 9 minutos

Porción: 4

ingredientes:

- 4 aguacates Hass grandes (pelados, picados, en rodajas)
- 1/4 taza de leche de coco llena de grasa; chocolate amargo
- 4 cucharadas de cacao puro en polvo (sin azúcar)
- 1 cucharadita de stevia edulcorante; canela en polvo
- 2 cucharaditas. extracto de vainilla

dirección:

1. Agregue todos los ingredientes requeridos, incluido el jugo de limón

opcional y la ralladura si lo desea, a una licuadora o procesador de alimentos y mezcle hasta 3 minutos, hasta que todo se combine. Raspe los lados de la licuadora o del procesador de alimentos si es necesario.

2. Asegúrese de que el pudín esté cremoso y mezcle durante un minuto adicional si es necesario.

3. Transfiera el pudín en uno o dos tazones, cubra y refrigere durante al menos 8 horas.

4. Servir el pudín con las hojas de menta opcionales en la parte superior si se desea, y disfrutar!

nutrición

Calorías: 398

Grasa: 35.5g

Proteína: 7.7g

164. Aceituna negra y queso de tomillo para untar

Tiempo de preparación: 25 minutos

Tiempo de cocción: 9 minutos

Sirviendo: 16

ingredientes:

- 1 taza de nueces de macadamia; Piñones
- 1 cucharadita de tomillo; romero
- 2 cucharaditas de levadura nutricional
- 1 cucharadita. Sal del Himalaya
- 10 aceitunas negras (picadas, finamente picadas)

dirección

1. Fije el horno a 350 ° F, luego prepare una hoja de hornear con papel de pergamino.

2. Ponga las nueces en una hoja de hornear y esparcirlas para que puedan asar uniformemente. Situar la hoja de hornear al horno y asar las nueces durante unos 8 minutos, hasta que se doren ligeramente.

3. Saque las tuercas del horno y luego reserve durante unos 4 minutos, lo que permite que se enfríen.

4. Revuelva todos los ingredientes a una licuadora y procese hasta que todo se combine en una mezcla suave. Con una espátula para raspar por los lados del recipiente de la licuadora entre la mezcla para asegurarse de que todo se mezcle uniformemente.

5. ¡Sirva, comparta y disfrute!

nutrición

Calorías: 118

Grasa: 11.9g

Proteína: 2g

165. Muffins huevo-rápido

Tiempo de preparación: 40 minutos

Tiempo de cocción: 19 minutos

Porción: 9

ingredientes:

- 9 huevos veganos grandes
- 1/2 taza de cebolletas (finamente picadas)
- 1 taza de flores de brócoli; seta

- 4 cucharadas de salsa picante dulce sin azúcar
- 1/4 taza de perejil fresco (picado)

dirección:

1. Prepare el horno a 375 ° F y forme una bandeja de muffin de 9 tazas con revestimientos de muffin.
2. Tome un tazón grande, rompa los huevos en él y batir mientras agrega sal y pimienta al gusto.
3. Revuelva todos los ingredientes restantes al tazón y revuelva bien.
4. Llene cada forrado de muffin con la mezcla de huevos. Repita esto para los 9 muffins.
5. Situar la bandeja al horno y hornear durante unos 30 minutos, o hasta que los muffins se hayan levantado y dorar en la parte superior.
6. Saque la bandeja del horno y luego deje que los muffins se enfríen durante unos 2 minutos; servir y disfrutar.
7. Alternativamente, guarde los muffins en un recipiente hermético en la nevera y consuma dentro de los 3 días.

nutrición

Calorías: 76

Grasa: 4.9g

Proteína: 6.9g

166. Pudín de chía con arándanos

Tiempo de preparación: 15 minutos

Tiempo de cocción: 6 minutos

Porción: 2

ingredientes:

- 12 cucharadas de semillas de chía
- 3 tazas de leche de almendras sin desbaste
- 1 taza de agua
- 4-6 gotas de edulcorante de stevia
- 1/4 taza de arándanos

dirección:

1. Situar todos los ingredientes en un bol de tamaño mediano y remover. Alternativamente, ponga todos los ingredientes en un frasco de albañil, cierre firmemente y agite.
2. Deje reposar el pudín durante 5 minutos, luego déle otro revuelto (o agite).
3. Transfiera el recipiente o el frasco de Mason a la nevera. Enfriar el pudín durante al menos 1 hora.
4. Dale al pudín otro revuelo, rebasarlo con los arándanos, y luego servir y disfrutar!

nutrición

Calorías: 256

Grasa: 19.8g

Proteína: 9.6g

167. Ensalada de huevos y espinacas

Tiempo de preparación: 25 minutos

Tiempo de cocción: 0 minutos

Porción: 2

ingredientes:

- 4 huevos veganos medianos
- 4 tazas de hojas de espinacas bebé

- 2 chalotes medianos (finamente picados)
- 1 cucharada de jugo de limón
- 1 1/2 cucharadas de aceite de oliva

dirección

1. Sitúe los huevos en una cacerola llena de agua. Llevar el agua a ebullición a fuego medio.
2. Cuando el agua hierva, baje el fuego a bajo y cubra la cacerola. Deje que los huevos se sienten en agua a fuego lento durante 6-12 minutos (6 minutos para una yema suave, y hasta 12 minutos para una yema bien cocida).
3. Tome la cacerola del fuego, escurra el agua caliente y enjuague los huevos con agua fría. Pelar los huevos y apartar.
4. Sitúe los huevos en un bol mediano y agregue el jugo de limón, 1 cucharada de aceite de oliva, chalotas picadas y sazonar bien.
5. Puré todo junto con un triturador de patatas en una ensalada de huevo grueso.
6. Sirva la ensalada sobre hojas de espinacas bebé y espolvoree con media cucharada de aceite de oliva.
7. ¡Dale la ensalada para mezclar todo, servir y disfrutar!

nutrición

Calorías: 275

Grasa: 22.2g

Proteína: 13.7g

RECETAS DE POSTRES

168. Helado de coco de fresa

Tiempo de preparación: 10 minutos

Tiempo de cocción: 0 minutos

Porciones: 4

ingredientes:

- 4 tazas de fresas de flounces
- 1 haba de vainilla, sembrada
- 28 onzas de crema de coco
- 1/2 taza de jarabe de arce

Indicaciones:

1. Coloque la crema en un procesador de alimentos y pulse durante 1 minuto hasta que los picos suaves se unan.
2. Luego incline la crema en un tazón, agregue los ingredientes restantes en la licuadora y mezcle hasta que la mezcla espesa se una.
3. Agregue la mezcla en la crema, doble hasta que se combine, y luego transfiera el helado a un recipiente seguro para el congelador y congele durante 4 horas hasta que esté firme, silbando cada 20 minutos después de 1 hora.
4. Servir de inmediato.

nutrición:

Calorías: 100

Grasa: 100g

Proteína: 100g

169. Chocolaty Mordeduras de avena

Tiempo de preparación: 16 minutos

Tiempo de cocción: 0 minutos

Porciones: 6

ingredientes:

- 2/3 taza de mantequilla de maní cremosa
- 1 taza de avena pasada de moda
- 1/2 tazas de chips de chocolate vegano sin destembrar
- 1/2 tazas de linaza molida
- 2 cucharadas de jarabe de arce

dirección:

1. Incorporar todos los ingredientes y mezclar hasta que estén bien combinados.
2. Refrigerar durante unos 20-30 minutos.
3. Con las manos, haz bolas de igual tamaño a partir de la mezcla.
4. Coloque las bolas en una hoja de hornear forrada de papel de pergamino en una sola capa.
5. Refrigerar para preparar durante unos 15 minutos antes de servir.

nutrición

Calorías 310

Grasa 19g

Proteína 14g

170. Mousse de mantequilla de maní

Tiempo de preparación: 19 minutos

Tiempo de cocción: 0 minutos

Porciones: 5

ingredientes:

- 3 Cucharadas de néctar de agave

refrigerada

- 4 cucharadas de mantequilla de maní cremosa, salada

Indicaciones:

1. Separe la leche de coco y su sólido, luego agregue el sólido de la leche de coco al tazón y batir durante 45 segundos hasta que esté esponjoso.
2. A continuación, batir en los ingredientes restantes hasta que estén suaves, refrigerar durante 45 minutos y servir.

nutrición

Calorías: 270

Grasa: 20g

Proteína: 5g

171. Fudge de coco-almendra salado

Tiempo de preparación: 10 minutos

Tiempo de cocción: 60 minutos

Porciones: 12

ingredientes:

- 3/4 taza de mantequilla cremosa de almendras
- 1/2 taza de jarabe de arce
- 1/3 taza de aceite de coco, suavizado o derretido
- 6 cucharadas de cacao en polvo sin azúcar de comercio justo
- 1 cucharadita de sal marina gruesa o en copos

Indicaciones:

1. Preparación de los ingredientes.
2. Prep pan de pan con una doble capa de envoltura de plástico. Coloque una capa horizontalmente en la bandeja con una

capa verticalmente con una generosa cantidad de voladizo.

3. En un tazón mediano, mezcle suavemen la mantequilla de almendras, el jarabe de arce y el aceite de coco hasta que estén b combinados y suaves. Rocíe el cacao en polvo y revuelva suavemente en la mezcl hasta que esté bien combinado y cremos
4. Rellenar la mezcla en la sartén preparad espolvorear con sal marina. Traiga los bordes desbordantes de la envoltura de plástico sobre la parte superior de la embradora para cubrirla por completo. Coloque la sartén en el congelador dura al menos 1 hora o durante la noche, o ha que el fudge esté firme.
5. Terminar y servir
6. Aleje la sartén del congelador y levante e fudge de la sartén usando los voladizos d plástico para sacarlo. Situar a una tabla d cortar y cortar en piezas de 1 pulgada.

nutrición

Calorías 319

Grasa 16g

Proteína 18g

172. Mantequilla de maní Fudge

Tiempo de preparación: 10 minutos

Tiempo de cocción: 6 minutos

Porciones: 8

ingredientes:

- 1/2 taza de mantequilla de maní
- 2 cucharadas de jarabe de arce
- 1/4 cucharadita de sal
- 2 cucharadas de aceite de coco, derretid

azúcar

Indicaciones:

1. Tome un recipiente a prueba de calor, coloque todos los ingredientes en él, microondas durante 15 segundos, y luego revuelva hasta que esté bien combinado.
2. Tome un recipiente a prueba de congelador, forrce con papel de pergamino, vierta la mezcla de fudge, extienda uniformemente y congele durante 40 minutos hasta que se ajuste y endurezca.
3. Cuando esté listo para comer, deje que el fudge se ponga durante 5 minutos, luego córtelo en cuadrados y sirva.

nutrición

Calorías: 96

Grasa: 3.6g

Proteína: 1.5g

173. Barras de coco con chips de chocolate

Tiempo de preparación: 10 minutos

Tiempo de cocción: 46 minutos

ingredientes:

- 1/4 taza de aceite de coco
- 1 taza de coco rallado
- 1/4 taza de azúcar dádá dád de pureza
- 2 cucharadas de jarabe de agave
- 1 taza de chips de chocolate vegano

Indicaciones:

1. Engrasar un plato con aceite de coco. reservar. En un tazón, mezcle el coco, el azúcar, el jarabe de agave y el aceite de coco. Extienda la mezcla sobre el plato, presionando hacia abajo.
2. Coloque las virutas de chocolate en un recipiente a prueba de calor y microondas durante 1 minuto. Remover y calentar 30 segundos más hasta que el chocolate se derrita. Verter sobre el coco y dejar endurecer durante 20 minutos. Picar en 16 bares.

nutrición

Calorías 319

Grasa 24g

Proteína 11g

El veganismo es un estilo de vida que persigue eliminar el uso de animales en alimentos, ropa o cualquier otro campo. ¡Y con razón! La dieta vegana se ha vuelto muy popular.

Es cierto que la ética no es para todos, pero este estilo de vida también tiene algunos beneficios bastante prácticos.

Por un lado, puede ser una excelente dieta para aquellos que quieren perder peso sin sacrificar el sabor o la variedad. Una variedad de verduras y frutas son veganas, al igual que muchos tipos de legumbres y granos. No siempre es fácil seguir una dieta totalmente libre de productos de origen animal, ¡pero eso no significa que no puedas probar! Solo asegúrate de incluir una amplia gama de cosas en tu dieta para que no te aburras con las mismas cosas de siempre.

Otro beneficio es que el medio ambiente se lo agradecerá. La agricultura animal es uno de los contribuyentes más importantes a la degradación ambiental en nuestro país. Es la fuente número uno de emisiones de metano y óxido nitroso y conduce a la destrucción de las selvas tropicales en todo el mundo. Tome esos factores en consideración, y de repente el veganismo no parece tan egoísta después de todo!

Es difícil negar que ciertas cosas sobre un estilo de vida vegano lo hacen poco práctico para algunas personas. Pero si estás comprometido a darle una oportunidad a esta dieta, no dejes que estas cosas te depriman. Hay un montón de recetas en este libro de cocina vegana que se puede utilizar para crear todo tipo de platos sabrosos. Tienes que asegurarte de no escatimar en la calidad de los Ingredientes, ¡y estarás bien!

El estilo de vida vegano no es popular en muchas partes del mundo, incluyendo Asia, África y América del Sur, porque hay una falta de conciencia sobre el estilo de vida vegano entre estas regiones. Sin embargo, el estilo de vida vegano es ampliamente aceptado en los países occidentales.

Probar esta dieta no es tan difícil. De hecho, es mucho más fácil de lo que la gente piensa. Tienes que cambiar la forma de cocinar y comer alimentos. A pesar de que tendrá que probar un nuevo tipo de comida, no es gran cosa porque hay un montón de recetas veganas disponibles en Internet y en las librerías de hoy en día.

Una dieta vegana puede ser saludable para el cuerpo y el corazón, pero hay ciertos suplementos que los veganos deben tomar para obtener todos los beneficios de estar en una dieta vegana. La vitamina B12 es un nutriente que es esencial para las funciones neurológicas y cardíacas. También desempeña un papel crucial en el mantenimiento de una buena visión. La vitamina B12 es común en proteínas animales como la carne, la leche y los huevos, pero no se encuentra en ninguna fuente vegetal. Este nutriente también es esencial para el funcionamiento del sistema reproductivo y se encuentra en las macroalgas como fuente natural de alimento.

Entonces, ¿a qué estás esperando? ¡Elige tu receta de este libro y empieza a cocinar!

CPSIA information can be obtained
at www.ICGtesting.com
Printed in the USA
LVHW012043130721
692560LV00005B/508